AF403628

ÉLÉMENTS

DE

CHIMIE TOXICOLOGIQUE

A L'USAGE

DES PHARMACIENS & DES MÉDECINS EXPERTS,

PAR

Is. KUPFFERSCHLAEGER,

PROFESSEUR DE CHIMIE TOXICOLOGIQUE A L'UNIVERSITÉ
DE LIÉGE.

LIBRAIRIE POLYTECHNIQUE

ÉMILE DECQ,
Rue de la Régence, 4,
LIÉGE.

DECQ & DUHENT,
Rue de la Madeleine, 9,
BRUXELLES.

IMPRIMERIE DE H. VAILLANT-CARMANNE.
RUE St-ADALBERT, 8, LIÉGE.

1879

C. KLINCKSIECK
LIBRAIRE DE L'INSTITUT DE FRANCE.
11, RUE DE LILLE, PARIS.

ÉLÉMENTS

DE

CHIMIE TOXICOLOGIQUE

A L'USAGE

DES PHARMACIENS & DES MÉDECINS EXPERTS,

PAR

Is. KUPFFERSCHLAEGER,

PROFESSEUR DE CHIMIE TOXICOLOGIQUE A L'UNIVERSITÉ DE LIÉGE.

BIBLIOTHÈQUE NATIONALE — IMPRIMÉS

ACQUISITION N.° 77,99 6

———◆•●•◆———

LIBRAIRIE POLYTECHNIQUE

ÉMILE DECQ,
Rue de la Régence, 4,
LIÉGE.

DECQ & DUHENT,
Rue de la Madeleine, 9,
BRUXELLES.

IMPRIMERIE DE H. VAILLANT-CARMANNE,
RUE St-ADALBERT, 8, LIÉGE.

1879

Te 153
52

PRÉFACE.

BIBLIOTHÈQUE NATIONALE R.F. IMPRIMÉS.

La loi du 20 mai 1876 sur la collation des grades
académiques ayant augmenté le nombre des branches
scientifiques pour l'examen de Pharmacien, il s'ensuit que
les récipiendaires doivent posséder plus de connaissances
qu'auparavant, entre autres celle de la chimie Toxicologique.

Or, l'étude des sciences pharmaceutiques exigées par
l'article 17 de la dite loi, se faisant en même temps que le
stage officinal, les jeunes gens passent une grande partie
de la journée à l'Université, pour y suivre les leçons et
les exercices pratiques, puis travaillent le reste du temps
pour leurs patrons ; de la sorte, il leur est impossible de
consulter les ouvrages spéciaux pour connaître les
opinions des divers auteurs, et ils doivent se contenter,
pour la plupart, des notes recueillies aux leçons, ce qui
est insuffisant.

Prenant en considération cet état de choses, nous avons résolu de publier un traité de *chimie Toxicologique*, où cette science est résumée selon l'esprit de la loi (qui n'en exige que les éléments) et présentée d'une façon claire et précise.

Mais il est bien entendu que ce livre ne dispensera pas les élèves d'assister assidûment aux leçons, afin d'y entendre les développements complémentaires et indispensables.

Notre ouvrage traite de la connaissance des principes généraux de la chimie Toxicologique ; des formalités que l'expert chimiste doit remplir pendant toute la durée de sa mission ; de la recherche des toxiques minéraux et organiques, et des meilleurs procédés à suivre pour arriver le plus sûrement à les éliminer et à les reconnaître ; enfin, de la confection des rapports d'expertise.

Voici les poisons dont nous nous occupons :

A. — Poisons minéraux. — Phosphore, Arsenic, Antimoine, Mercure, Cuivre, Plomb, Zinc, Argent, un peu de l'*Etain* et du *Bismuth ;* les *Acides sulfurique, Nitrique, Chlorhydrique, Sulfide carbonique* et *Sulfo-carbonates.*

Nous traitons de la recherche du sulfide carbonique et des sulfo-carbonates, parce qu'ils sont très-vénéneux et employés actuellement dans plusieurs petites industries.

B.— Poisons organiques.— Acide *oxalique* et *oxalates,* acide *Prussique* ou *cyanhydrique, cyanures* et *sulfocyanates; boissons alcooliques* et *chloroforme; Alcaloïdes* :

Nicotine conine ou *cicutine*, *Strychnine*, *Brucine*, *Vératrine, Atropine, Morphine* et *Codéine*; en outre la *Cantharidine* et les *Ptomaines* ou *alcaloïdes cadavériques.*

Vient ensuite l'examen des armes à feu tirées, celui des taches de sang et des taches de sperme, que l'on est quelquefois chargé de constater aussi, et puis nous terminons par la rédaction du rapport d'expertise.

La spécialité de notre enseignement, le grand nombre d'opérations toxicologiques que nous avons exécutées depuis 1844 pour divers parquets de la Belgique, et les meilleurs auteurs que nous avons consultés, nous permettent d'offrir cet ouvrage en toute confiance à ceux qui s'occupent de semblables recherches.

Liége, décembre 1878.   Is. K.

ÉLÉMENTS

DE

CHIMIE TOXICOLOGIQUE.

La Toxicologie (de deux mots grecs signifiant discours, traité sur les toxiques) est la science qui traite des toxiques ou poisons.

Son étymologie vient de ce que les Indiens ont, de tout temps, empoisonné leurs flèches pour mettre leurs ennemis hors de combat. Malheureusement ils ont eu de nombreux imitateurs, peut-être même des devanciers, car l'histoire nous apprend que le poison a été employé dès la plus haute antiquité, et que, avant l'ère chrétienne, *Mithridate VI, roi de Pont*, empoisonna sa mère et ses tuteurs.

Au moyen-âge, on sentit déjà le besoin de faire des essais importants pour rechercher les poisons, et au 15ᵉ siècle, *Arduino de Pesaro*, acquit de la célébrité, par l'étude spéciale qu'il avait faite des *agents vénéneux*.

Le crime d'empoisonnement, bien loin de disparaître avec le développement de la civilisation, n'a fait que progresser d'une manière effrayante, même dans les contrées les plus policées, et à tel point, qu'en 1842, M. De Cormenin a dit [1] : « Il est un crime qui se cache dans l'ombre, qui
» rampe au foyer des familles, qui épouvante la société,
» qui semble défier par les artifices de son emploi et la sub-
» tilité de ses effets, les appareils et les analyses de la
» science, qui intimide par le doute la conscience des jurés,
» et qui se multiplie d'année en année avec une progres-

---

[1] Mémoire lu à l'Académie des Sciences morales de Paris en 1842.

» sion effrayante : ce crime est l'empoisonnement, et le
» poison, c'est l'Arsenic! »

Ce n'est donc pas sans raison qu'au 17ᵉ siècle on a appelé
l'Arsenic blanc *la poudre de succession* ; mais il n'est pas le
seul instrument de l'empoisonnement, et il n'est plus aussi
communément employé aujourd'hui.

En présence d'un semblable état de choses, les sciences
devaient nécessairement prêter leur concours à la justice,
afin de l'éclairer dans ses recherches pour découvrir les
crimes ; parmi elles, la chimie occupe le premier rang et
forme même une partie spéciale, appelée *Chimie Toxicologique* : c'est la partie dogmatique de la *Médecine légale* qui
traite de la recherche des poisons, et, par extension, on en
a fait la *chimie légale*, c'est-à-dire celle qui s'occupe à
résoudre les questions posées par la justice, soit à propos
d'empoisonnements, de viols, de falsifications des denrées
alimentaires ou commerciales, d'écritures fausses ou vraies,
d'homicides et de suicides par les armes à feu ou autrement,
etc.

Elle vient aussi en aide à la thérapeutique, en lui indi-
quant les antidotes et les secours à donner en cas d'empoisonnement.

Mais la chimie n'est pas la seule science sur laquelle
s'appuie la *Médecine légale* pour rechercher les poisons et
se prononcer sur leurs effets ; la physiologie lui vient aussi
en aide, en ce sens que l'expérimentation physiologique
appliquée à la recherche et à la démonstration de certains
poisons, donne des réactions plus sensibles et plus sûres
que les agents chimiques : telles sont les diverses manières
d'agir des alcaloïdes et du chloroforme sur l'économie
vivante ; elles se manifestent toujours, tandis que leurs
caractères physiques et chimiques ne ressortent évidemment que lorsque ces matières sont bien pures, ce qu'il est
difficile d'obtenir dans une analyse toxicologique.

C'est surtout lorsqu'on n'a pu retrouver très-certainement le poison, ou bien lorsque l'on veut convaincre les juges ou les jurés au moyen du poison retrouvé par l'analyse : si c'est du phosphore rouge, il n'y a pas crime, puisqu'une expérience physiologique démontrera qu'il n'est pas vénéneux; d'autre part, si à de la soupe à la graisse, préparée dans une marmite de fonte, on a ajouté du sulfate cuivrique, y a-t-il tentative d'empoisonnement ? C'est encore à l'expérience physiologique à élucider cette question, parce que sans cela la chimie dira que le cuivre est précipité au fond de la marmite et que la soupe n'en contient pas, mais bien du sufate ferreux, qui n'est nullement nuisible à la santé ; cependant la graisse aura pu empêcher le fer de précipiter le cuivre, et c'est pour cette raison que l'expérience seule pourra résoudre ce cas.

Poison.

Voici les principales définitions que l'on a données du poison :

1° Matière incompatible avec la vie, dont la présence en quantité suffisante, *mais toujours assez faible,* modifie, altère, ou détruit la composition normale des liquides et des solides organiques.

Nous faisons observer que le chagrin, le désespoir et d'autres affections morales sont incompatibles aussi avec la vie, sans être pour cela des poisons.

2° Toutes les substances qui, prises intérieurement, ou appliquées de quelque manière que ce soit sur un corps vivant, sont capables d'éteindre les fonctions vitales, ou de mettre les parties solides ou fluides hors d'état de continuer la vie.

Mais une corde serrant fortement le cou produira aussi la mort et n'est pas un poison.

3° Toute substance *inassimilable* qui, en pénétrant dans l'organisme *par absorption*, produit rapidement des effets funestes, la maladie ou la mort (Flandin). C'est la meilleure définition que l'on ait donnée du poison, parce qu'elle fait bien comprendre que la substance doit être inassimilable et avoir été absorbée, c'est-à-dire introduite dans la circulation.

Vu le désaccord existant entre les auteurs qni ont défini le poison et la difficulté de préciser ce qui est poison et ce qui ne l'est pas, la justice a bien dû définir ce qu'on doit entendre par le crime d'empoisonnement, car il ne faut pas laisser subsister de doute à l'égard d'un fait aussi important.

Empoisonnement. — *L'article* 304 *du Code pénal qualifie empoisonnement*: « Tout attentat à la vie d'une personne par » l'effet de substances qui *peuvent donner la mort* plus ou » moins promptement, de quelque manière que ces subs- » tances aient été employées ou administrées, et quelles » qu'en aient été les suites. »

Remarquons que la loi exige deux conditions pour constituer le crime d'empoisonnement : l'attentat à la vie, c'est-à-dire la *volonté*, *l'intention* de donner la mort, et l'emploi de substances qui, par leur nature, soient capables de la donner.

Ainsi, une personne invitée à souper, mange des champignons ou des moules et meurt pendant la nuit suivante ; si l'autopsie constate que les champignons ou les moules ont causé sa mort, l'amphitryon n'est pas coupable pour cela, parce qu'il n'a pas eu l'intention de la faire mourir ; en outre, les champignons et les moules sont des substances assimilables et considérées comme aliments ; donc point de crime dans ce cas, c'est un malheur !

Un médecin prescrit, comme médicament, de l'Acide Arsénieux, ou du Cyanidehydrique, ou du sublime Corrosif, et

le malade meurt quelque temps après l'ingestion de l'un de
ces médicaments. Il n'y a pas non plus crime d'empoisonnement ici, bien que ce soient des substances vénéneuses,
parce que *l'intention criminelle* n'y est pas; le médecin n'a
pu être guidé par son intérêt personnel, la loi lui défendant d'hériter de ses clients; en cela elle a été sage et prudente. Il pourra y avoir une enquête de la part de la police
médicale.

De ce qui précède, il résulte que la science des poisons
(la Toxicologie) n'existe pas d'une façon absolue, parce que
les poisons ne constituent pas un ordre ou un groupe naturel dont l'essence puisse être définie ou caractérisée
(comme cela existe en chimie pour le groupe des acides,
celui des oxydes et celui des alcaloïdes, etc.), et que toutes
les substances qui peuvent mériter ce nom, perdent ou
acquièrent, suivant certaines circonstances extrinsèques,
leurs propriétés vénéneuses; elles sont le plus souvent des
médicaments, tels que l'acide Arsénieux, le sublimé corrosif, etc. La démarcation entre eux n'est ni précise ni même
possible: la dose, l'idiosyncrasie, la progression due à
l'habitude de l'usage, décident de l'action médicamenteuse
ou toxique d'un même corps: ainsi l'Emétique peut être administré à assez forte dose dans le cas de pneumonie ou de
chorée sans provoquer de vomissement ou de diarrhée;
Mithridate VI, roi de Pont, ne put s'empoisonner quand il
le voulut, par suite du trop fréquent usage qu'il avait fait
des poisons.

Le poison n'existe donc qu'à la condition d'avoir agi; il
doit être absorbé et répandu dans l'économie, car il ne se
révèle et ne se définit que dans ses effets, c'est-à-dire dans
l'empoisonnement, lequel implique *une cause anomale de la
mort.*

Si l'administration des médicaments les plus énergiques
n'a pas provoqué la mort d'une façon violente, anomale ou

inattendue, il n'y a ni poison ni empoisonnement; dans le cas de mort anomale, il faut partir du fait de l'empoisonnement et non de la nature du poison, mais bien des symptômes pendant les derniers moments de la vie et des lésions anatomo-pathologiques observées à l'autopsie. En voici les raisons : entre le poison et le médicament, il n'y a qu'une différence de doses, et, par suite, une différence d'intensité dans les effets produits : le premier pervertit les fonctions et les abolit; le second les ramène à l'état normal. Exemples : la limonade d'acide sulfurique est un médicament, tandis que l'acide sulfurique ordinaire est un poison très-corrosif; l'eau de laurier cerise est un médicament, tandis que l'acide prussique est un poison violent.

Faire avaler un excès de boisson alcoolique, ou du verre pilé et que la mort en résulte, n'est pas un empoisonnement, mais un crime de meurtre, parce que ces substances ne sont pas vénéneuses, bien qu'elles aient pu produire l'inflammation de certains tissus, car le verre est un instrument vulnérant; aussi la loi punit-elle celui qui, par de semblables moyens, a accasionné à autrui une maladie ou une incapacité de travail personnel (art. 317 C. Pén.).

Mais si, dans l'intention de donner la mort à une personne, on lui administre un mélange d'abord inoffensif et ne devenant mortel que plus tard, par la combinaison de ses divers constituants, il y a crime d'empoisonnement, parce qu'il y a eu intention de donner la mort, et que l'on a administré des substances de nature à la causer : ainsi des sucs acides provoquant la dissolution des alcaloïdes, ou des sels minéraux qui, sans cela, seraient insolubles et non absorbés, ou de l'Antimoine digéré dans du vin, peuvent occasionner la mort, ce dernier surtout, par suite de l'émétique et du chlorure d'Antimoine qu'il contiendra. Les coupables citent, pour s'excuser dans ces cas, les substances qu'ils ont administrées à la victime, et croient par là échapper à la punition, mais la science parvient à démontrer leur intention criminelle.

Venins et virus.

Disons quelques mots des *venins* et des *virus*, corps capables de produire aussi la mort d'une façon anomale.

Les *venins* sont des substances qui agissent aussi proportionnellement à la dose, mais qui sont des produits de secrétion ; ils détruisent la coagulabilité du sang et modifient la forme de ses corpuscules ; ils amènent la prostration des forces et d'autres symptômes nerveux. — La *cantharidine* n'est pas un venin, parce qu'elle est existante et bien définie ; c'est un poison très-énergique.

Les *virus* ont été considérés pendant longtemps comme n'ayant par eux-mêmes aucune existence matérielle, et n'étant simplement que des modifications de la matière qui se produisaient de proche en proche chez un individu de la même espèce. — Mais les découvertes de Schwann, ayant démontré que ce qui n'a pas la vie ne peut se reproduire, et celles plus récentes de Pasteur, ayant confirmé cette manière de voir, on admet actuellement que les *virus* sont dus à des organismes microscopiques (microbes de Sédillot) de nature animale ou végétale, et variables selon les affections qu'ils produisent : ainsi le *charbon* est la maladie produite par la *bactéridie* ; la *trichinose* est la maladie produite par *la trichine*, et la *gale* est produite par *l'acarus* qui lui est propre.

Absorption.

La première condition d'une intoxication est l'absorption du toxique ; il ne suffit donc pas d'avoir administré celui-ci pour qu'il y ait empoisonnement, car si, par une cause quelconque, l'absorption est empêchée, il n'y a pas eu empoisonnement : ainsi l'ingestion ultérieure de l'albumine neutralise parfois les effets de l'acide arsénieux et du sublimé corrosif, en formant une masse congelée, insoluble et réfractaire à leur introduction dans le système circulatoire ; d'autre part, les corps gras retardent l'empoisonnement par l'acide arsénieux, par la strychnine et par d'autres, tandis qu'ils favorisent l'empoisonnement par le phosphore. On rapporte qu'un mari ayant fait boire à sa femme du vin dans lequel il avait versé de l'acide sulfurique, ne réussit pas à l'empoisonner, parce qu'il s'était formé du sulfate potassique, et probablement du sulfate d'Ethyle aussi.

Trois voies différentes peuvent servir à l'introduction des poisons dans l'économie : les membranes muqueuses, la peau et le tissu cellulaire ; c'est-à-dire, en les faisant avaler ou respirer, en les appliquant sur le derme de la peau, enfin, en les injectant sous celle-ci (injections sous-cutanées).

L'empoisonnement criminel a pour voie ordinaire l'appareil digestif, tandis que l'empoisonnement accidentel a pour voies les organes respiratoires ou la peau, ce qui est le cas pour les professions dangereuses, égoûtiers, vidangeurs ouvriers des usines à plomb, à mercure, à cuivre.

L'expert a quatre sources d'information pour constater l'empoisonnement : 1° les symptômes avant la mort, 2° les lésions que l'autopsie révèle ; mais comme elles peuvent être confondues avec celles que produisent certaines maladies ou affections, ou la putréfaction, il doit recourir à la troisième source, la chimie, c'est-à-dire la découverte et la démonstration de l'agent vénéneux par des recherches chimiques ; c'est la meilleure des preuves, et cependant elle ne peut prouver un empoisonnement qu'autant que l'on puisse rattacher la présence du poison aux symptômes observés pendant la vie, ou aux lésions constatées sur le cadavre ; il faut qu'il y ait concordance, car une autre cause, ou une autre substance, ignorée de l'expert, aura pu agir et déterminer la mort sans qu'il y ait eu empoisonnement : *indiges-*

tion, choléra, embolie, syncope, frayeur, perforation des intes-
tins par des vers intestinaux, anévrisme, introduction du
poison après le décès; 4° enfin, l'expérimentation physiologique sur des animaux avec de la substance retirée du sujet
empoisonné.

Ce qui précède, démontre à l'évidence la nécessité
de réunir le médecin au chimiste dans les cas présumés
d'empoisonnement.

D'après cela, la toxicologie, considérée comme science,
doit comprendre : 1° l'étude des toxiques, 2° celle de leur
manière d'agir sur l'économie, 3° celle du traitement à
opposer à leurs effets, 4° celle des lésions qu'ils ont produites, 5° enfin, celle de leur recherche. C'est de cette
dernière que nous nous occuperons.

La chimie peut très-souvent extraire le poison qui existe
dans les organes et en démontrer ensuite les effets ; mais
lorsqu'elle n'y parvient pas, s'ensuit-il qu'il n'y a pas eu empoisonnement ? Non, car on n'arrive pas toujours à isoler
les poisons d'origine organique, lesquels sont administrés
en quantité très-faible, ou qu'on n'en retire tout au plus que
pour confirmer l'existence par des réactions chimiques, ou
parce qu'ils ont changé de nature par la putréfaction ou par
toute autre cause.

Cependant, il est indispensable de mettre le poison en
évidence et d'en constater la présence, soit dans l'estomac,
soit dans les intestins, soit dans les tissus organiques, soit
enfin dans les vomissements ou les selles, afin de prouver
qu'il a été absorbé, parce que les accidents ne commencent
que lorsque l'absorption a eu lieu et que le poison, faisant
corps avec le sang, va pénétrer les tissus ; il ne suffit donc
pas d'en retrouver dans le tube digestif, parce qu'on aurait
pu l'y introduire après la mort.

Après avoir parcouru l'économie, le poison va se réfu-
gier dans le foie et est ensuite éliminé petit à petit s'il n'a
pas occasionné la mort.

L'*Elimination* comprend les actes qui succèdent à l'absorption et qui ont pour effet de débarrasser l'économie des poisons ; il ne faut pas la confondre avec le vomissement, qui est un mode spécial d'expulsion.

Les principales voies d'élimination sont les reins et les glandes, puis la muqueuse pulmonaire, les muqueuses en général et enfin la peau.

Dans l'urine on retrouve les corps fixes tels que les alcaloïdes, les sulfates alcalins, puis l'alcool, le chloroforme, etc. ; la muqueuse pulmonaire laisse éliminer les substances gazeuses et les volatiles, de l'alcool et du chloroforme aussi ; les muqueuses en général, buccale, stomacale et intestinale, laissent éliminer les substances toxiques autres que les précédentes ; la peau peut éliminer les substances volatiles aussi et même les solides dissoutes, soit par la transpiration, soit par les bains.

Etats sous lesquels les Toxiques peuvent être éliminés.

Pour rechercher les poisons, il faut connaître les transformations dont plusieurs sont susceptibles ; introduits dans la circulation, les uns sont éliminés en nature, et d'autres, après avoir subi des métamorphoses chimiques.

Élimination en nature. — Le Nitre, la plupart des sufates métalliques, les chlorates, les carbonates, le sulfate de Quinine, la Morphine et un grand nombre d'alcaloïdes, l'oxyde carbonique, l'acide cyanhydrique, l'alcool, le chloroforme, l'éther, etc., sont éliminés en nature. Il est bien entendu que l'acide cyanhydrique s'altère s'il n'est pas éliminé assez promptement.

Métamorphoses. — Les sulfures, les hyposulfites et les sulfites alcalins se transforment en sulfates.

Les Hypophosphites et les phosphites se transforment en phosphates.

Les cyanates potassique et sodique se transforment en carbonates.

Les Acétates, les Tartrates, les Malates, les Citrates, les Formiates, les Valérianates, les Quinates, les Méconates, les Fumarates, les Aconitates et les Succinates alcalins se transforment en carbonates.

Le Cyanure ferrico-potassique se transforme en cyanure ferroso-potassique.

Le Chlorure ferrique devient chlorure ferreux.

Les hypochlorites deviennent chlorures.

Les Iodates et les Bromates deviennent respectivement iodures et bromures.

Les séléniates se transforment en acide sélenhydrique.

Les Tellurites et les Tellurates produisent du telluride hydrique et même du tellure.

Les acides Benzoïque et Cinnamique donnent de l'acide Benzoïque, l'acide Nitro-Benzoïque se transforme en acide Nitro-hippurique, et l'acide Tannique en acide Gallique.

Comme on le voit, les métamorphoses subies consistent en oxydations et en réductions : les acides organiques sont brûlés dans l'économie comme dans un foyer, de sorte que les urines deviennent alcalines par suite de la formation de carbonates alcalins, tandis qu'à l'état normal elles sont acides lorsqu'elles sont récentes, et ne deviennent alcalines qu'à la longue. En outre, les sulfites et les hypophosphites s'oxydent, tandis que les Séléniates, les Tellurates et les Tellurites se réduisent en exhalant respectivement du sélénide hydrique et du Telluride hydrique.

Dans d'autres cas, il se produit des dédoublements qui donnent lieu à de nouveaux composés : l'Azotate d'argent et l'extrait de saturne forment dans l'estomac des chlorures d'argent et de plomb, qu'on peut constater dans les vomissements ou après l'autopsie. Les cyanures peuvent y produire du cyanide hydrique et du chlorure du métal du cyanure ingéré ; l'iodure de mercure donne lieu à de l'iodure potassique qui apparaît dans les urines, et ainsi de la plupart des sels métalliques ; les sels d'argent et de plomb colorent à la longue la peau en violet.

Corps simples existant normalement dans l'organisme.

Ils sont au nombre de 15 à 17 au plus ; les voici :

Métalloïdes. — Carbone, oxygène, hydrogène, azote, phosphore, soufre, chlore, fluor, silicium, brôme et iode.

Métaux. — Calcium, sodium, potassium, magnésium, fer et manganèse.

On a avancé que le cuivre et l'arsenic existent normalement dans l'organisme, mais c'est inexact et non admis généralement.

Sachant ce que deviennent les toxiques ingérés, et quels sont les corps que nous pouvons rencontrer normalement dans l'économie humaine, occupons-nous de l'*expertise*.

Expertise.

Opération faite, dans le but d'éclairer la justice, par un homme de l'art, c'est-à-dire connaissant de la chose dont il est question.

L'expertise ne peut avoir lieu que lorsqu'il y a délégation d'un magistrat de l'ordre judiciaire, ou, à son défaut, d'un commissaire de police ou d'un bourgmestre ; il faut que ce soit un officier de police ayant un caractère officiel.

Formalités à remplir.

L'expert appelé par un officier de police judiciaire, procureur du Roi, ou son substitut, ou le juge d'instruction, à *l'effet de remplir telle mission ou de procéder à des recherches,* doit se rendre dans son cabinet, mais il n'est pas absolument tenu d'accepter le mandat qui lui est proposé. Instruit par la lecture du réquisitoire, il peut et doit interroger sa conscience et se demander s'il possède bien toutes les connaissances et les qualités requises de l'expert, c'est-à-dire le savoir, la rectitude de jugement et l'indépendance de caractère, car la recherche des *Toxiques* est souvent très-difficile.

Avant d'indiquer les autres formalités, citons les principales questions qui peuvent être posées aux experts.

Questions à poser aux experts.

1° La mort ou la maladie doit-elle être attribuée à l'administration ou a l'emploi d'une substance vénéneuse? C'est la question la plus importante, et elle concerne l'expert médecin, qui aura pour la résoudre les symptômes pendant la vie et les lésions anatomo-pathologiques lors de l'autopsie.

2° Quelle est la substance vénéneuse qui a produit la maladie ou la mort? On a les mêmes sources que pour la première question, plus l'analyse chimique.

3° La substance employée pouvait-elle donner la mort dans le cas présent? Oui, si les symptômes et les lésions concordent avec la nature du poison trouvé. Lorsque avec celui-ci on tue ou rend malade des animaux, en reproduisant des symptômes semblables à ceux observés sur la victime, il est permis d'affirmer que celle-ci est morte empoisonnée.

4° A-t-elle été ingérée en quantité suffisante pour donner la mort; n'y a-t-il pas eu de cause secondaire? Il est presque inutile de poser cette question si la victime a succombé; si elle a survécu, c'est parce que le poison a été expulsé d'une façon ou l'autre, (¹) et quand même ; la loi en définissant l'empoisonnement a dit : *toute substance capable de donner la mort et l'intention de la donner de la part du criminel*, mais elle ne dit rien de la quantité employée. On ne peut retrouver par l'analyse chimique que la plus faible partie du poison administré, et il n'est jamais nécessaire d'arriver à la déterminer précisément, car établir qu'un individu est mort empoisonné, c'est dire que la dose du poison était suffisante pour produire cet effet. En outre, c'est délicat de vouloir préciser à quelle dose telle substance produit la mort, vu que la présence d'aliments dans l'estomac modifie l'action des toxiques, et dans ce cas, la défense ne manquera pas de contester le dire de l'expert. Nous dirons encore qu'aucun des corps existants normalement dans l'économie humaine ne l'altère jamais au point d'éteindre la vie.

5° A quel moment a eu lieu l'ingestion et par quelle voie? Quelquefois les résultats de l'examen chimique des divers organes, ou des vêtements de la victime, permettent d'assurer que le toxique a ou n'a pas été administré par la bouche ou par l'anus, ou par injections dans le système veineux ou sous-cutané. Cette question concerne plus spécialement l'expert-médecin.

6ᵉ L'empoisonnement peut-il avoir lieu et le poison a-t-il pu disparaître sans qu'on en retrouve les traces, et après combien de temps? — Il en reste toujours un peu, à moins qu'après un long temps écoulé depuis le décès et l'inhumation, car alors l'ammoniaque et son sulfhydrate, produits par la putréfaction, neutralisent les acides et précipitent les bases ; quant aux alcaloïdes, bien qu'ils résistent assez de temps à la putréfaction cadavérique, ils finissent aussi

---

(¹) L'Emétique pris à dose un peu élevée est souvent expulsé par les vomissements ou les déjections ; ce qui peut sauver le sujet.

par se modifier selon les conditions et les circonstances, et l'on ne peut rien préciser.

7° Le poison extrait du cadavre peut-il provenir d'une source autre que l'empoisonnement? Généralement non, lorsqu'on le retrouve dans la trame des organes; cependant il faut faire attention à la formation des *ptomaines ou alcaloïdes cadavériques* (voir à la fin de cet ouvrage), et à l'embaumement au moyen de substances vénéneuses).

8° L'empoisonnement est-il le résultat d'un homicide, d'un suicide, ou d'un accident? C'est au médecin à résoudre cette question et d'après chaque cas particulier.

9° L'empoisonnement peut-il être simulé? — On en a vu plusieurs exemples, et c'est par l'enquête médico-légale qu'on peut résoudre cette question.

En outre, le chimiste peut être commissionné pour assister à l'autopsie: dans ce cas, il examinera attentivement aussi les viscères avec les médecins, auxquels il fera ses observations, s'il y a lieu, et recueillera avec soin les vomissements et les déjections; il devra même faire rabotter le parquet ou enlever les planches qui en seront imprégnées, s'il n'a pu en recueillir assez. Il accompagnera surtout les experts-médecins lors des exhumations, afin d'indiquer tout ce qu'on devra emporter pour être soumis à l'analyse chimique, notamment de la terre du cimetière prise où il n'y a pas eu d'inhumation, afin d'en connaître la composition, et d'autres portions recueillies sous le cercueil, sur les deux côtés et au-dessus.

Réquisitoire ou ordonnance judiciaire.

« Nous, juge d'instruction de l'arrondissement judiciaire
» de........., commettons les docteurs X X et les chimistes
» X X, qui ont préalablement prêté serment entre nos
» mains, de procéder à l'examen et à l'analyse chimique,

» 1° des viscères (estomac, intestins, foie) et des liquides
» extraits du cadavre de R.... ; 2° des vêtements qui l'enve-
» loppaient ; 3° des morceaux de planches coupés hors du
» cercueil et sur lesquels peuvent se trouver des déjections;
» 4° les linges de corps et de lit paraissant avoir été en partie
» lessivés ; 5° enfin, de toutes les fioles, substances, pou-
» dres et autres objets saisis au domicile de la victime.

» Les experts devront détailler, préalablement à toute
» opération, le nombre et la nature des *pièces à conviction*,
» constater l'état des scellés, des étiquettes, etc. Ils recher-
» cheront, quant aux objets indiqués ci-dessus, si l'on y
» rencontre des substances vénéneuses et leur nature ; ils
» diront, quant à la victime, si des poisons lui ont été admi-
» nistrés, de quelle manière (par ingestion ou autrement),
» en quelles doses approximatives, à combien de reprises,
» les effets qu'ils ont produits, en un mot, si la mort de la
» victime est le résultat d'un empoisonnement.

» De quoi il sera dressé un rapport, qui nous sera remis
» par les dits experts, après en avoir affirmé en nos mains
» le contenu sincère et véritable. »

Une fois que l'expert a accepté la mission et qu'il a prêté
serment, il ne doit plus refuser son ministère ; mais pour
peu qu'il s'élève le moindre doute dans le cours d'une opération, c'est un devoir pour lui de mettre de côté tout
amour-propre et de se faire adjoindre des hommes plus
spécialement versés dans la science relative à l'objet de
l'expertise; c'est aussi un devoir sacré dans toute affaire criminelle de se tenir en garde contre toute espèce d'influence
et de prévention, et de fermer l'oreille à la clameur publique; à cet effet, l'expert ne doit pas en parler surtout
dans les réunions publiques.

Serment de l'expert.

Aussitôt que l'expert a accepté la mission qui lui est proposée, il prête serment *de faire son rapport et de donner son avis en son honneur et conscience* (¹), tandis que le témoin qui va déposer, *jure de parler sans haine et sans crainte, de dire toute la vérité et rien que la vérité.* — Pourquoi cette différence dans la formule du serment ? Parce que la mission de l'expert *est volontaire, et qu'il émet une opinion* sur les faits qui lui sont soumis ; opinion, appréciation, avis qu'il doit donner *en son honneur et conscience* (²).

La loi attache la plus grande importance au serment de l'expert, et cette formalité doit être remplie non-seulement lors d'une première expertise, mais encore toutes les fois qu'une expertise est nécessaire, soit dans le cours *de l'instruction*, soit *lors des débats* de la même affaire (pour une exhumation, ou pour toute autre chose que celles consignées dans le réquisitoire). C'est à tel point qu'il y a lieu d'annuler un arrêt qui a prononcé une condamnation, si l'on a négligé de faire prêter un nouveau serment à l'expert, comme cela est arrivé dans le cas suivant, qui établit la différence entre l'expert et le témoin : la condamnation prononcée par une cour d'assises a été annulée par la cour de cassation de Paris, pour défaut de prestation de serment dans une affaire où le procès-verbal constatait que deux chimistes appelés et entendus d'abord *comme témoins*, ayant été ensuite, sur la demande de la défense, rappelés et interrogés par le président sur le point de savoir si l'arsenic collé aux parois des tissus était de l'acide arsénieux opaque ou vitreux : ils avaient demandé quelques instants pour se

(¹) (Art. 44 du Code d'instruction criminelle). Le serment prêté après le dépôt du rapport entraîne la nullité de l'expertise.

(²) Il est bien entendu que l'expert ne peut, non plus, être parent ni allié avec le ou les accusés.

livrer à un examen nécessaire, et, après une suspension d'audience d'une demi-heure, les chimistes avaient fait leur rapport prouvant que l'acide arsénieux était opaque. Or, attendu qu'il résultait des procès-verbaux que les chimistes avaient en réalité procédé comme experts à un examen, et fait comme tels un rapport à l'audience, la condamnation a été annulée.

Voilà donc un résultat négatif par suite d'un vice de forme et non pour insuffisance de preuve.

Mais lorsqu'après avoir rempli sa mission et déposé son rapport, l'expert est appelé *comme témoin devant le tribunal*, il doit prêter le serment d'après la formule imposée aux témoins, parce que *sa mission d'expert* prend fin par le dépôt de son rapport (¹) et que, en sa qualité de témoin, il n'a plus qu'à en rendre compte pour éclairer les juges ou les jurés. Le serment de témoin permet à l'expert de faire *séance tenante* des expériences et des démonstrations pour confirmer les conclusions de son rapport, parce que cela ne constitue pas une nouvelle mission, pas plus que d'ouvrir des bocaux ou des caisses pendant la séance. Le président peut se dispenser d'appeler l'expert comme témoin et se contenter de faire connaître les conclusions du rapport ; en outre, il peut, en vertu de son pouvoir discrétionnaire et sous sa responsabilité, interroger un homme de l'art ou des savants pour expliquer des théories émises, etc., sans leur faire prêter serment, et dans ce cas les déclarations ne doivent être considérées que comme de *simples renseignements*.

En résumé les experts et les témoins doivent toujours prêter serment lorsqu'ils ont été convoqués en vertu *d'un arrêt ou d'une ordonnance spéciale*.

(¹) Écrit par lui et dont il a affirmé et certifié la sincérité devant le juge.

Il n'est pas indispensable que le rapport soit fait par écrit quand un expert est commis dans le cours des débats ; presque toujours il le fait verbalement à l'audience, et quand il est nommé dans le cours de l'instruction, il se rend devant le magistrat qui l'a commis et fait consigner par lui ses vérifications.

S'il y a dissidence entre deux experts *dans le cours de l'instruction,* on en appelle un troisième, parce que la défense dirait qu'on ne saura auquel des deux accorder la préférence. Si ce dissentiment se produit *dans le cours des débats,* l'adjonction d'un troisième expert a moins d'utilité, vu que la discussion peut s'établir entre les deux experts en présence des juges et du jury, et leur permettre de se former une opinion.

Qnand les opérations des experts sont incomplètes ou défectueuses, il y a lieu d'ordonner, soit un supplément d'expertise, soit une expertise nouvelle ; ce qui peut être confié aux mêmes experts ou à de nouveaux.

Les experts ne peuvent être tracassés, ni poursuivis pour les conclusions auxquelles ils sont arrivés, à moins qu'ils n'aient émis *sciemment une fausse opinion,* auquel cas ils seront punis.

Enfin, l'introduction d'une personne étrangère à l'expertise dans la pièce où les experts procèdent, quoique présentant une grave irrégularité, n'est pas nécessairement une cause de nullité de l'expertise, à moins que l'officier judiciaire qui l'a confiée n'en ait fait la défense, par suite de circonstances de lui connues et qui l'ont déterminé à intimer cette défense. Il est bien entendu que quiconque n'a pas été requis et n'a pas prêté serment ne peut servir d'aide à l'expert, ni celui-ci aller demander des conseils à une autre personne.

Etat dans lequel les matières doivent être remises aux chimistes.

Si l'expert ne les a pas recueillies lui-même, il doit les recevoir *directement* de l'autorité requérante, et non d'une tierce personne; les emporter ou les accompagner s'il ne peut les porter, les enfermer à clef et conserver celle-ci.

Le sang, l'urine, les viscères, tels que foie, reins, rate, cœur, poumons et intestins, les vomissements et les déjections, sont mis dans des bocaux séparés, *autant que possible*; le cerveau aussi, surtout lorsqu'il y a présomption d'empoisonnement par les alcaloïdes ou les anesthésiques ou les alcooliques, ou lorsqu'on demande par quelle voie le poison a été administré, et aussi pour éviter l'entassement et retarder la putréfaction.

Les bocaux ou vases employés à cet usage doivent être parfaitement propres, non en métal, bouchés le mieux possible et étiquetés soigneusement ; on ne doit y introduire aucune substance étrangère dans le but de conserver les pièces à analyser, à moins que dans le cas où cela est absolument nécessaire, et alors il faut joindre aux pièces à conviction un échantillon de cette substance conservatrice préalablement essayée ; en voici la raison : l'alcool modifie l'aspect et la nature de certains tissus et de certains toxiques, notamment du phosphore, qu'il empêche d'être lumineux pendant sa recherche.

Tous les objets remis à l'expert constituent *les pièces à conviction* et sont munis du sceau de l'autorité réquérante ; c'est pourquoi on les désigne sous le nom de *scellés*. Ceux que l'expert remet à l'officier judiciaire en même temps que son rapport et pour en confirmer les conclusions, sont *les pièces de conviction*.

Opérations auxquelles le chimiste doit se livrer.

Si un ou deux médecins sont adjoints au chimiste, c'est à eux à décrire les scellés et leur contenu (si, bien entendu, cela n'a pas été fait lors de l'autopsie), de telle façon qu'il n'y ait pas le moindre doute sur leur nature et qu'on les reconnaisse aisément au tribunal. Le chimiste devra aussi assister à cet examen, qui se fera en ouvrant et étalant tous les viscères sur des plaques de verre ou d'ardoise, ou dans de grandes capsules de porcelaine, puis il les examinera au moyen d'une loupe, et les essaiera avec les papiers réactifs, afin d'en constater l'acidité, ou l'alcalinité, ou l'odeur de l'acide cyanhydrique, ou du sulfhydrate ammoniaque ou une autre ; il enlèvera, pour les mettre à part, les corps solides et tout ce qui attirera son attention, afin d'être guidé ultérieurement dans ses recherches. — Cet examen doit se faire le plus tôt possible après la remise des scellés pour ne pas décrire plus tard des matières qui auraient changé d'aspect et de nature, et qui ne seraient plus conformes à l'énoncé du réquisitoire ; ensuite, l'expert procédera à l'examen chimique de la pureté de ses réactifs, y compris l'eau et le papier à filtre, et il évitera, pour autant que cela sera possible, d'employer en qualité de réactifs des corps considérés comme poisons.

Des méthodes d'analyse.

La tâche de l'expert chimiste consistant à isoler, ou au moins à démontrer la présence d'une minime proportion de la substance vénéneuse, noyée dans une masse relativement énorme d'organes souvent en putréfaction, il doit suivre une méthode qui le mette à l'abri des erreurs et lui fasse retrouver sûrement le poison. Si la substance qu'il doit analyser est de nature organique, la difficulté s'accroît, les réactions caractéristiques deviennent plus rares et sont d'un contrôle moins assuré. — Altérables à l'infini, les corps organiques sont doués d'une grande mobilité et se prêtent mal aux séparations nettes ; leurs réactions se rapprochent, se confondent, se détruisent ou se masquent réciproquement et déroutent souvent le chimiste le plus habile.

Comme il n'existe encore aucune méthode générale permettant de retrouver tous les poisons, les experts doivent tâcher de recueillir des renseignements qui les mettent sur la voie de l'agent vénéneux, et, s'ils n'en obtiennent pas, ils appliqueront aux recherches la méthode la plus générale connue actuellement, et qui consiste à traiter la dissolution qu'ils auront préparée et légèrement acidulée de chloride hydrique, par un courant de sulfide hydrique. Cette méthode permet de précipiter à l'état de sulfures tous les poisons minéraux, moins le phosphore.

Dans le choix d'une méthode, on donnera la préférence à celle qui altère le moins les matières et permet la recherche ultérieure d'autres corps, parce qu'il importe beaucoup au juge de savoir, dans certains cas, *sous quel état le toxique a été introduit dans l'économie* : ainsi l'expert chimiste a retrouvé du mercure métallique dans les viscères, mais sous quel état a-t-il été introduit ? A l'état de calomel, de cinabre ou de métal (ouvriers travaillant ces produits), ces corps sont inoffensifs ou peu dangereux, tandis que le sublimé corrosif, le cyanure mercurique et tous les autres composés solubles du mercure sont vénéneux !

La solution de cette question est difficile lorsque les symptômes ou les lésions organiques n'indiquent rien ; d'après cela, il convient de rechercher les acides, les poisons, le phosphore, les alcaloïdes, les alcooliques, y compris le chloroforme, par des procédés spéciaux à chacune de ces classes de corps.

Ce qui augmente la difficulté dans ces sortes de recherches, c'est la présence des matières organiques, qui non seulement offrent de la résistance, mais changent du tout au tout l'action des réactifs, selon le degré de putréfaction, et à tel point que *Orfila* répétait ces paroles chaque année à ses élèves : « *Messieurs, méfiez-vous de la matière organique.*» Voici des exemples, cités par Tardieu, qui suffiront à mettre en évidence la justesse de cette recommandation : Cinquante centigrammes d'acétate cuivrique ont été dissous dans un litre d'eau, et la solution divisée en quatre portions égales : la première a servi à y constater bien évidemment la présence du cuivre par tous les réactifs caractéristiques de ce métal, afin qu'il n'y eût pas de doute ; la deuxième a reçu en macération 250 grammes de foie haché très-fin ; la troisième a été mélangée avec 250 grammes de chocolat au lait, et la quatrième avec un quart de litre de soupe au pain. Eh bien, aucun des trois mélanges n'a accusé le cuivre après filtration et concentration convenable des liqueurs, même par le sulfide hydrique, le cyanure ferroso-potassique, le fer métallique, la potasse et l'ammoniaque ; le cuivre y était passé à l'état latent.

Le sublimé corrosif, l'acide arsénieux, l'émétique et beaucoup d'autres corps traités comme l'acétate cuivrique, ne pourront être reconnus non plus ; l'arsénic peut s'écouler du cadavre à l'état d'arsénite ou d'arséniate ammonique, qui est déliquescent, et voilà pourquoi il faut recueillir de la terre située au-dessous du cercueil lors des exhumations.

Que faire dans ces cas? se débarrasser d'abord des matières organiques avant d'y rechercher les poisons.

Il y a pour cela deux méthodes générales : l'une simplement *mécanique*, comprend la *solution*, ou la *distillation*, ou la *dialyse*; l'autre, *chimique*, consiste à détruire la matière organique renfermant le poison minéral, que l'on isole ensuite plus sûrement par des réactions chimiques.

Mais quelle que soit la méthode à suivre, on ne traite pas plus de la moitié ou des deux tiers de la substance qu'on a à sa disposition, afin d'en réserver pour une contre-expertise, ou pour réparer les accidents, ou pour un complément de recherche, notamment celle des toxiques organiques. Si, cependant, la matière suspecte est en trop minime quantité, l'expert peut demander à l'officier judiciaire qui l'a commis la permission d'opérer sur la totalité.

La première séparation des liquides d'avec les solides doit se faire au moyen d'un filtre en toile ou en flanelle mouillée de forme cônique, afin de pouvoir faciliter l'écoulement par la compression du tissu avec les mains, et puis le liquide obtenu est refiltré au papier mouillé aussi, lequel n'aurait pas permis cette séparation parce que ses pores auraient été bouchés.

Si la matière suspecte est solide, on la traite de façon à lui enlever les corps que l'on veut rechercher par des dissolvants appropriés ; si ces corps sont volatils on les sépare par la distillation simple ou fractionnée, selon ce que l'on y suppose contenu.

La dialyse est une séparation basée sur ce que les corps *cristalloïdes* sont *diffusibles* parce qu'ils sont solubles, et que les corps *colloïdes* ne le sont point parce qu'ils sont insolubles. Or, lorsqu'on met une bouillie contenant de ces deux sortes de corps dans un *dialyseur* plongé dans de l'eau distillée ou un autre liquide approprié, les premiers s'y diffusent, parce qu'ils sont solubles, tandis que les seconds n'y passent pas, n'étant point solubles dans le même liquide.

Ce procédé doit être bien connu à l'avance de l'expert chimiste, qui ne l'emploiera qu'à bon escient ; il doit savoir qu'en ajoutant au liquide dissolvant, soit un acide, soit une base, selon le corps à séparer de la matière organique, il en active la séparation parce qu'il fait appel à l'affinité de combinaison ; que d'autre part, il peut transformer un corps *colloïde* en *cristalloïde*, et qu'enfin, la dialyse ne permettant pas de séparer assez complétement ces deux sortes de corps pour une expertise judiciaire,il doit ensuite rechercher le toxique dans le magma resté daas le dialyseur.

La méthode de séparation mécanique étant donc insuffisante, nous ne décrirons pas les procédés qui la constituent, vu que l'expert doit être un manipulateur assez habile pour pouvoir exécuter convenablement toutes les opérations concernant la mission qu'il a acceptée. Nous allons nous occuper de la méthode chimique, mais avant cela nous faisons observer qu'on ne détruit pas la matière organique lorsqu'il s'agit de rechercher des poisons organiques ou le phosphore,parce qu'on ne les retrouverait plus.

Destruction de la matière organique.

La nécessité de carboniser les matières organiques résulte donc de ce que certains poisons minéraux, qui ont été absorbés par l'économie, ont pénétré dans les tissus d'une manière si intime, qu'ils ont contracté avec eux des combinaison insolubles dans l'eau : tels sont l'émétique, le cuivre, le plomb etc. ; d'autres, comme le sublime corrosif, passent à un état insoluble spécial, soit en se réduisant, soit en se combinant; en outre, certains toxiques deviennent des sulfures, ou des carbonates insolubles par suite de la présence du sulfide hydrique ou du carbonate ammonique.

1° Procédé de Frésénius et Von Babo. — Il consiste à traiter la matière suspecte bien divisée, par un poids égal d'acide chlorhydique et d'un peu d'eau, si la masse est trop épaisse, dans un matras ou un ballon rempli à moitié ; à la chauffer au bain-marie et à y projeter de temps en temps environ deux grammes de chlorate potassique, jusqu'à ce que la matière soit réduite en flocons blancs jaunâtres, que le liquide ait une couleur jaune et l'odeur prononcée de chlore ; à chauffer alors pendant quinze à vingt minutes sans addition, afin de constater que la couleur ne se fonce plus sensiblement, auquel cas il faudrait encore ajouter du chlorate potassique. La première fois qu'on en ajoute, on peut en mettre de 8 à 12 grammes pour 350 grammes de matière contenue dans le vase ; il faut maintenir le volume primitif du liquide en y ajoutant peu à peu de l'eau distillée chaude, afin de faciliter l'action du chlorate potassique, dont la quantité à employer ne doit pas dépasser 15 °/₀ de celle de la matière traitée. Lorsque son action est terminée, on laisse refroidir le liquide, on le filtre à travers une toile mouillée pour retenir la graisse, puis on le rechauffe au bain-marie et sous un courant d'acide carbonique pendant trois à cinq minutes, afin d'expulser l'excès de chlore ; on laisse refroidir de nouveau puis on filtre au papier mouillé.

Par ce traitement, l'arsenic et les métalloïdes sont transformés en leurs oxacides au degré supérieur, tandis que l'antimoine, le mercure, le plomb, le cuivre, le bismuth et le zinc sont transformés en chlorures solubles, et l'argent en chlorure insoluble.

Ce procédé est loin de produire la destruction complète de la matière organique, et surtout celle des graisses qui y résistent ; en outre, il forme des composés de substitution entre le chlore et certaines matières organiques ; il se produit même, s'il y a présence de substances amylacées ou hydrocarbonées, des acides oxalique, ou formique, ou acétique, ce qui influe sur les réactions ultérieures, et peut induire en erreur, notamment dans les cas de recherche de l'acide oxalique (puisqu'on en produit) et de l'acide arsénieux, celui-ci n'étant plus atteint par ses réactifs caractéristiques.

En outre, malgré la précaution d'opérer dans un matras
(au lieu d'une capsule) et au bain-marie, on n'est pas tout-
à-fait certain de ne pas volatiliser du trichlorure d'arsenic
ou d'antimoine ou du sublime corrosif. C'est pour toutes ces
raisons que nous n'avons jamais mis à exécution ce procédé
dans nos recherches.

Voici ce qu'en dit aussi M. Mohr, dans sa chimie toxicologique de 1876, page 70 : « On recommande souvent
d'ajouter par petites portions du chlorate de potasse à la
substance mélangée avec de l'acide chlorhydrique, afin,
pense-t-on, de détruire la matière organique ; c'est tout
simplement une erreur. Aucun corps organique n'est détruit
par le chlore de façon qu'il en résulte de l'acide carbonique et de l'eau, pas même l'alcool très-riche en hydrogène, qui ne se transforme qu'en chloral. Les combinaisons les plus riches en carbone sont encore moins attaquées,
les huiles et les graisses notamment, elles sont seulement
transformées. En suivant ce procédé, on introduit de
grandes quantités de matières étrangères dans l'objet de la
recherche dont la présence est tout-à-fait nuisible pour les
opérations ultérieures : ainsi la précipitation par l'hydrogène sulfuré est empêchée ou retardée. C'est une faute,
dans une recherche chimico-légale d'introduire dans l'objet
plus de substances étrangères qu'il n'est absolument nécessaire. En dégageant ainsi du chlore dans la masse, on fait
aussi dissoudre le cinabre, l'œthiops minéral, la pyrite cui-
vreuse, la galène et le sulfure d'antimoine, qui à l'état
naturel ne sont pas des poisons, et qui sous forme de
poudre traversent inaltérés le canal intestinal sans produire
aucun effet nuisible. Comment donc après les avoir découverts sous une forme soluble, décider si ces métaux se
trouvaient dans une combinaison tout-à-fait sans danger ou
sous forme de composés vénéneux ? »

Après cette critique, Mohr dit qu'au lieu du procédé

Frésénius et Von Babo, il est préférable de traiter directement la matière délayée dans de l'eau par un courant de chlore produit par de l'acide chlorhydrique versé sur un *excès* de peroxyde manganique (afin qu'il ne se dégage pas du chloride hydrique, ni du chloride arsénieux). Quant à nous, nous préférons le procédé Flandin et Danger, parce qu'il est complet et n'introduit aucun corps nouveau dans la matière traitée.

2° *Procédé Flandin et Danger.* — Pour l'exécuter, on chauffe modérément la matière organique, convenablement divisée, avec le 1/6ᵐᵉ ou le 1/4ᵐᵉ de son poids (selon sa résistance) d'acide sulfurique concentré, dans une capsule de porcelaine, jusqu'à ce qu'elle soit tout-à-fait carbonisée, c'est-à-dire jusqu'à ce qu'il ne se produise plus de vapeurs d'acide sulfureux, mais bien des vapeurs blanches d'acide sulfurique, et que le charbon soit noir et sec. Alors on l'arrose avec de l'acide Nitrique concentré, et on chauffe à une douce chaleur jusqu'à ce qu'il ne se dégage plus de *vapeurs nitreuses ;* arrivé à ce point, on épuise la masse par de l'eau chaude et l'on filtre la dissolution (qui laissera les oxydes d'antimoine et d'étain indisssous, s'il y en a), qui doit être *à peu près incolore,* sans cela elle ne serait pas complétement privée de matière organique, ou bien elle contiendrait un métal à dissolution colorée (probablement du fer), lequel gênerait les recherches ultérieures. Il convient donc de s'en assurer en chauffant une portion de cette liqueur colorée avec de l'acide sulfurique, qui la foncera davantage s'il y a encore de la matière organique, et de verser une goutte de sulfhydrate ammonique dans une seconde portion, afin d'y constater le métal colorant. Selon les résultats de ces épreuves, on rechauffera toute la liqueur avec de l'acide sulfurique ou on la traitera par du carbonate sodique, qui précipitera le ou les composés métalliques qu'on filtrera ; ensuite on recherchera le ou les toxiques dans la solution incolore.

Par le concours de ces deux acides et de la chaleur, on a détruit *complétement* la matière organique et on a dissous les toxiques minéraux, excepté l'antimoine, qui, transformé en oxyde insoluble, restera avec le charbon. Si les matières suspectes sont liquides, on les évapore à siccité au bain-marie avant de les désorganiser.

On a critiqué avec raison l'emploi d'une capsule ou de tout autre vase ouvert, parce que, quoi qu'on fasse pour modérer la température, les gaz qui se dégagent (acides carbonique, nitreux, sulfureux, chlorhydrique ([1]), carbures hydriques etc.), entrainent plus ou moins du ou des toxiques volatils, notamment de l'arsénic et du mercure. Depuis dix-huit cent cinquante-cinq nous avons opéré de façon à condenser les produits volatils, et à la recherche de l'arsenic, nous décrirons le procédé que nous avons adopté définitivement en 1869. Comme le procédé de Flandin et Danger suffit lorsqu'il est bien exécuté, nous n'en décrirons pas d'autre.

Méthode permettant de rechercher tous les poisons.

Lorsque l'autopsie cadavérique et les renseignements recueillis n'indiquent pas quelle est la nature du poison qu'il faut rechercher, l'expert chimiste doit suivre d'abord une marche assez générale pour lui permettre d'essayer de retrouver à peu près tous les toxiques ; à cet effet, voici comment il pourra procéder :

Deux cents grammes au moins des matières réunies et bien divisées sont additionnés de 25 à 30 grammes d'acide sulfurique concentré et de 150 à 200 grammes d'eau, puis distillés modérément dans un appareil convenable pour la

---

([1]) Du chloride hydrique si la matière contient du chlorure sodique. C'est pourquoi on ne doit pas opérer dans une capsule de platine lors de la reprise par de l'acide Nitrique, parce qu'on introduirait du chlorure de platine et altérerait la capsule.

recherche du phosphore, lequel, outre la lueur phosphorescente qu'il produira, se condensera dans un petit récipient,
avec les autres composés volatils. A la suite de ce récipient,
on adapte un petit vase ou un tube à boules contenant une
solution d'Azotate Argentique au 20ᵉ et acidulée d'un peu
d'acide Nitrique, afin de retenir l'acide chlorhydrique ou le
cyanhydrique. Après la distillation, ce qui est resté dans le
ballon est additionné d'une nouvelle quantité d'acide sulfurique et chauffé de façon à être complétement carbonisé,
puis arrosé d'acide Nitrique et épuisé par l'eau, comme
nous l'avons indiqué au procédé Flandin et Danger. On
obtient ainsi divers produits qui ne peuvent manquer de
renfermer le ou les toxiques, s'il y en avait, et qu'on constatera comme il suit : le Phosphore, à la lueur phosphorescente et aux réactions chimiques qu'on produit avec le
liquide distillé (voir à la recherche du phosphore) ; les chlo-
rides hydrique et cyanhydrique se reconnaîtront aux précipités respectifs qu'ils forment dans l'Azotate Argentique ;
enfin la liqueur provenant de la destruction des matières
organiques sera traitée successivement par du sulfide
hydrique, du sulfhydrate ammonique et du carbonate
ammonique, pour en précipiter tous les composés minéraux qu'elle pouvait contenir, excepté les alcalins, qui res-
teront en dissolution comme quatrième sorte de produits ;
le sulfide hydrique aura précipité tous les toxiques minéraux, arsenic et métaux, sous l'état de sulfures, qu'il sera
facile de séparer et de caractériser ensuite.

Voilà la meilleure marche à suivre pour résoudre le problème le plus compliqué, car avant de carboniser le produit resté dans le ballon après la distillation, on peut en
enlever une partie pour y rechercher quelques alcaloïdes,
bien qu'il soit préférable de réserver pour cela une partie
fraîche des matières suspectes.

Ayant terminé les généralités, abordons les recherches
spéciales.

Poisons minéraux.

PHOSPHORE.

Le phosphore est le toxique le plus employé actuellement
pour produire les empoisonnements, parce qu'on l'a toujours à sa disposition, sous la forme d'allumettes chimiques
ou de pâte phosphorée, qu'on se procure sans remplir la
moindre formalité, et parce que la victime ne s'en méfie pas
comme des autres poisons rares et inusités dans la vie
domestique. Quelques grammes de phosphore suffisent pour
empoisonner un homme adulte. Ces empoisonnements sont
accidentels, ou suicides, ou criminels, et se commettent
ordinairement au moyen de têtes d'allumettes phospho-
riques, ou plus rarement avec de la pâte phosphorée qu'on
ajoute aux aliments chauds tels que café, lait et soupe, dans
lesquels le phosphore se fond, et est ainsi absorbé facilement par l'économie, où il produit des désordres assez
graves pour amener la mort. Cependant, comme il se
transforme en acide phosphoreux ou phosphorique au
bout de quelque temps, il cesse alors d'être vénéneux, ce
qui explique pourquoi certaines tentatives criminelles
n'ont pas abouti; si l'on arrive à temps auprès de la victime
et si on l'a fait vomir immédiatement, on peut réussir à la
sauver.

Recherche du phosphore. Comme d'une part, le phosphore
existe normalement dans nos tissus et nos liquides à l'état
d'acide phosphorique combiné, et à l'état de phosphore en
combinaison avec les matières grasses dans le cerveau;
comme, d'autre part, on administre des médicaments qui
contiennent des hypo-phosphites, des phosphites et des
phosphates, il faut le constater à l'état de corps simple pour
pouvoir prononcer qu'il a été administré criminellement.

Mitscherlich donna le premier un procédé d'analyse par
distillation aqueuse qui permet de retrouver les plus petites

traces de phosphore ingéré. Il est basé sur ceci : 1° qu'au contact de l'air le phosphore s'oxyde en répandant des fumées blanches d'acides phosphoreux et phosphorique, et 2° que ces vapeurs sont lumineuses dans l'obscurité.

Mais comme la pression de la vapeur d'eau (c'est-à-dire l'eau chaude) nuit à la production de cette lumière, ce n'est qu'après le refroidissement complet de la vapeur qu'on aperçoit la lueur phosphorescente. Le phosphore ne luit pas non plus dans l'air comprimé, ni dans l'oxygène à la température et à la pression ordinaires, ni dans les gaz qui ne contiennent pas de ces deux derniers; mais si l'on vient à y introduire un peu d'air ou d'oxygène, le phosphore y devient lumineux, parce qu'il n'est phosphorescent que dans l'air ou l'oxygène *raréfiés*. C'est pourquoi les hydrocarbures liquides tels que goudron, créosote, benzine, essence de térébenthine, pétrole, alcool, éther, le gaz d'éclairage, l'ammoniaque, le sulfide hydrique, le chlore, les acides sulfureux, carbonique, etc., empêchent le phosphore de luire dans l'obscurité pendant qu'on le recherche et augmentent encore la difficulté de le constater en nature; les graisses n'empêchent pas la production de ce phénomène. En outre, l'autopsie n'étant ordinairement pratiquée que plusieurs jours après la mort, il s'ensuit que le phosphore contenu dans l'estomac s'y est transformé en acide ainsi que celui qui a été rejeté par les vomissements qu'on a laissés exposés à l'air. Dans tous ces cas, il ne sera guère possible à l'expert chimiste de conclure à un empoisonnement par le phosphore, vu que tous nos organes et nos tissus contiennent des phosphates alcalins et alcalino-terreux.

Mais si le médecin arrive à temps pour constater les derniers symptômes du malade, ou des lésions anatomo-pathologiques à l'autopsie; si, d'autre part, l'expert chimiste a trouvé des fragments de soufre dans le tube digestif, des bouts d'allumettes, parfois aussi du minium, ou du ver-

millon, ou du chrômate plombique et la présence évidente
de l'acide phosphorique dans l'estomac, il y a de fortes pré-
somptions pour prononcer qu'il y a eu empoisonnement
par le phosphore. C'est pourquoi dans ce cas, plus spécialement que dans d'autres, il faut examiner attentivement
avec une loupe tous les viscères, les vomissements et les
selles, pour tâcher d'apercevoir la plus petite trace de
phosphore, qui se trahira par la lueur dans l'obscurité et
par l'odeur phospho-alliacée ou d'ozone. En outre, si le
foie présente la réaction alcaline, par suite de la putréfaction, ou la réaction acide, et qu'on y constate la présence
du phosphate ammonique, on peut affirmer qu'il y a eu
empoisonnement par le phosphore. Nonobstant ces consta-
tations, il faudra procéder le plus tôt possible à l'élimination du phosphore, afin d'acquérir la certitude qu'il a été
ingéré. Voici comment on procèdera.

On emploiera un appareil tout-à-fait en verre et se com-
posant d'un ballon, d'un tube doublement recourbé qui le
mettra en communication avec un autre, d'un centimètre de
largeur intérieurement et de 60 au moins de longueur, placé
dans un réfrigérant de Liébig et aboutissant dans un petit
bocal contenant un peu d'eau et servant de récipient.
L'appareil étant bien monté et placé dans l'obscurité,
on introduira les matières dans le ballon, de façon à ne
l'emplir qu'à moitié; pour cela on divisera le plus possible
les matières solides, telles que tube digestif, foie, vomissements, etc., on y ajoutera le sang et autres liquides et
même de l'eau *bouillie*, si la masse est trop épaisse, et, dans
dans tous les cas, de l'acide sulfurique, dans le but de
saccharrifier la fécule des aliments et de neutraliser l'ammoniaque formée. On chauffera au bain de sable assez large
et disposé de façon à masquer la lumière du combustible;
on tâchera de produire l'ébullition au bout d'une demi-heure,
en ayant le soin qu'elle soit modérée et régulière pendant

toute la durée de l'opération (pour éviter les soubresauts), et on refroidira constamment le réfrigérant de Liébig. S'il y a du phosphore libre, il apparaîtra dans le tube horizontal presque toujours à la même place et sous la forme d'une vapeur phosphorescente, très-visible dans l'obscurité et qui ira se condenser dans le récipient.

Lorsqu'on n'apercevra plus de phosphorescence, depuis un quart d'heure environ, on cessera la distillation et on examinera le produit distillé : s'il contient des fragments jaunâtres, s'il émet une vapeur blanche à odeur phospho-alliacée, s'il précipite en blanc la solution de chlorure mercurique, et même en gris lorsqu'on chauffe, s'il précipite en brun-noirâtre la dissolution d'azotate argentique (phosphure d'argent et argent réduit), ou s'il colore en brun-noir une bandelette de papier à filtre imprégnée d'azotate argentique et non la bandelette imprégnée d'acétate plombique (1) ; si une portion, versée dans l'appareil de Dussard et Blondlot pourvu d'un bec en platine et dégageant de l'hydrogène pur, colore en verdâtre la flamme de cet hydrogène ; enfin, s'il est additionné d'un peu d'acide azotique concentré, mis à digérer au bain-marie en vase clos pendant deux heures et souvent agité, puis chauffé progressivement jusqu'à l'ébullition et à peu près à siccité, et qu'il laisse un résidu incolore d'acide hortophosphorique qui, saturé par de la soude, précipite en jaune par l'azotate argentique, et en jaune-verdâtre par le molybdate nitrico-ammonique, on peut affirmer que les matières suspectes contenaient du phosphore libre.

Les précipités, la bandelette colorée, les bouts d'allumettes et un peu du liquide obtenu par distillation, si l'on en a conservé, peuvent être présentés comme *pièces de conviction*.

(1) Ce qui indiquerait la présence du sulfide hydrique, qui les noircit toutes les deux. L'acide formique réduit aussi l'azotate argentique.

Si l'on a une grande quantité de matière suspecte à sa disposition, on peut l'introduire dans un flacon muni d'un tube effilé pourvu d'un bec de platine, et la faire traverser par un courant d'hydrogène purifié, qu'on allumera : en examinant la flamme dans l'obscurité, on apercevra une lueur verdâtre et on constatera une odeur de phosphure hydrique.

Mais si la matière dans laquelle on doit rechercher le phosphore contient un des corps que nous avons indiqués comme l'empêchant de luire dans l'obscurité, il faut, après l'avoir introduite dans le ballon, sans y ajouter de l'acide sulfurique, la chauffer à une température inférieure à l'ébullition, sous un courant d'acide carbonique et à peu près jusqu'à siccité, pour en expulser tous les corps volatils; alors laisser refroidir le ballon, puis y ajouter de l'acide sulfurique et procéder à la distillation ainsi qu'il a été indiqué.

On pourra essayer de séparer ces corps gênants au moyen d'une burette ou de papier à filtre pour les éponger. Enfin, si l'on ne peut placer l'appareil dans l'obscurité, on n'a qu'à refroidir le tube horizontal avec de l'eau bleuie par de la teinture de tournesol ou de l'encre.

Arsenic.

L'acide arsénieux et d'autres composés arsénicaux sont encore fréquemment employés pour produire des empoisonnements, parce qu'ils sont connus du public, qui peut se les procurer aisément et sans remplir aucune formalité s'il s'adresse à un marchand de couleurs; pour en obtenir même en forte quantité, il suffit de lui dire qu'on veut faire périr des animaux nuisibles.

Des empoisonnements accidentels se produisent trop souvent aussi par le vert de Schweinfurt, dont sont recouvertes certaines boiseries, tapisseries, étoffes légères pour robes, fleurs artificielles, jouets d'enfants, etc. Le savon de Bécœur et d'autres préparations arsénicales ont aussi produit des empoisonnements.

L'absorption de l'arsenic se fait aisément par la membrane muqueuse gastro-intestinale, par les voies respiratoires, par la peau et les vaisseaux divisés; voilà comment il se fait que les personnes qui sont en contact avec les vapeurs ou les poussières des composés arsénicaux en souffrent immanquablement.

D'après des observations récentes, il paraît que l'arsenic se rend d'abord dans le cerveau, puisqu'il passe dans le sang, les muscles, la rate, le foie, les reins et l'urine.

Recherche de l'Arsenic. — Comme c'est l'acide arsénieux qui, de tous les composés arsénicaux, est le plus souvent employé pour provoquer les empoisonnements criminels et qu'il est peu soluble dans l'eau (la variété vitreuse est trois fois plus soluble que la variété opaque — attention), on doit examiner bien attentivement toutes les matières suspectes, y compris les restes des boissons et des aliments que l'on suppose avoir été servis à la victime, et surtout les vomissements et les selles, parce qu'ils renferment la majeure partie du poison expulsé par cette double voie.

Il faut donc, quand on a toutes ces matières à sa disposition, y rechercher la présence de grains blancs d'acide Arsénieux, que leur peu de solubilité y a laissés et les enlever au moyen de petites pinces, ou par décantation si c'est une poudre déposée au sein d'un liquide. Ces dépôts sont lavés immédiatement avec de l'éther, pour les débarrasser de la matière grasse, puis desséchés dans du papier à filtre et soumis aux réations suivantes :

1° On en introduira quelques grains dans un tube de verre étroit, fermé et très-sec, et on mettra par-dessus quelques éclats de charbon bien secs (des allumettes privées de leurs têtes phosphorées et carbonisées) ; on chauffera d'abord à la lampe le tube au rouge, à l'endroit où se trouve le charbon, puis l'extrémité inférieure, afin de faire passer l'acide Arsénieux sur le charbon rougi, qui le réduira et laissera sublimer l'arsenic sous la forme d'un anneau noirâtre et miroitant.

Il ne faut pas, quoi qu'en disent certains auteurs, projeter les grains blancs retirés des matières suspectes sur des charbons ardents pour constater l'odeur d'ail, parce qu'ils seraient perdus pour les réactions ultérieures, comme on va le voir.

2° De la poudre blanche retirée des matières suspectes, sera mêlée avec quatre à cinq fois son volume de soude cyanurée très-sèche (formée de 3 p. de soude pour 1 de cyanure potassique) et le mélange, introduit dans la boule d'un tube fermé de manière à n'en remplir que le tiers, sera chauffé progressivement jusqu'à cessation de formation de sublimé: on obtiendra de la sorte, un anneau noirâtre et brillant d'Arsenic réduit (1). En coupant le tube à ras du sublimé et chauffant cette partie en l'inclinant un peu, l'Arsenic se transformera en acide Arsénieux blanc, en exhalant l'odeur d'ail, et ira se déposer dans un autre endroit du tube; on pourra ensuite le dissoudre avec un peu de chloride hydrique, le faire sortir du tube au moyen d'un filet d'eau et recevoir cette dissolution dans deux petits tubes d'essais : une portion traitée par du sulfide hydrique, donnera un précipité jaune de sulfide Arsénieux, entièrement soluble dans le carbonnate ammoniaque, à chaud, et l'autre, traitée par du sulfate cuivrique un peu ammoniacal, donnera un précipité vert d'arsénite cuivrique. On ne pourra pas faire usage d'azotate argentique, dans ce cas, parce qu'on aurait un précipité blanc de chlorure Argentique. — Enfin, un peu de la poudre blanche desséchée, étant

(1) Pour produire ces sublimés d'arsenic réduit, il faut que les matières soient parfaitement sèches.

chauffée dans un tube fermé avec le double de son volume d'Acétate potassique ou sodique, dégagera l'odeur caractéristique du *cacodyle ou Alcarsine*.

Après avoir exécuté ces essais préliminaires (dans la supposition que l'on a pu recueillir de l'acide Arsénieux solide), on procède à la recherche de l'Arsenic contenu dans les autres matières suspectes, en commençant par leur désorganisation, vu que la Dialyse ne suffit pas, avons-nous dit précédemment, parce que de l'Arsenic reste dans le magma à l'état d'Arsénite ou d'Arséniate ou de sulfure insolubles, et que d'autre part, les corps gras diminuent beaucoup la solubilité de l'acide Arsénieux dans ses dissolvants et en empêchent le contact direct avec les réactifs, d'où erreurs de plusieurs sortes, comme le prouvent les cas suivants :

Orfila a rapporté que l'estomac d'un nommé *Soufflard*, mort empoisonné, ayant été bouilli pendant une heure dans deux litres d'eau, et le liquide filtré et acidulé de chloride hydrique, puis sursaturé de gaz sulfide hydrique, n'a produit qu'après *trois mois* un précipité jaune de sulfide Arsénieux.

La présence de certaines matières organiques peut même donner lieu à des réactions analogues à celles de l'acide Arsénieux, alors que celui-ci est absent ; ainsi :

Du bouillon gras, acidulé de chloride hydrique ou d'acide Nitrique, puis additionné de potasse, précipite en jaune par le sulfide hydrique.

Une décoction de café vert, additionnée de sulfate cuivrique, puis de potasse, donne un précipité vert.

Une décoction d'oignons traitée de même, fournit un semblable précipité ; ou bien additionnée d'une goutte d'ammoniaque, puis de quelques gouttes d'Azotate Argentique, elle donne un précipité jaune, soluble dans l'acide Nitrique et l'ammoniaque.

Enfin, puisqu'on a déjà administré de la poudre d'*Ellé-*

bore pour combattre les effets toxiques de l'acide Arsénieux, il importe de retrouver ce dernier pour se prononcer.

Il faut donc absolument se débarrasser des matières organiques, et pour cela, voici le procédé que nous suivons depuis 1869 :

L'appareil se compose d'une cornue tubulée, en verre de Bohême, munie d'un récipient dont la tubulure tournée vers le bas entre dans le goulot d'un bocal contenant un peu d'acide Nitrique. Cette disposition permet de retenir tous les produits Arsénicaux volatils, qui seraient perdus si l'on opérait dans une capsule. — On met d'abord un peu d'acide Nitrique dans la cornue, afin que la matière organique ne repose pas directement sur le fond et que le charbon obtenu n'y adhère trop fortement, auquel cas il faudrait briser la cornue pour l'en retirer ; c'est, en outre, pour transformer plus sûrement en acide Arsénique le sulfure d'Arsenic qui pourrait se trouver dans la substance.

Cent cinquante grammes au moins de celle-ci bien divisée sont introduits dans la cornue (s'il y a du liquide à désorganiser il faut l'évaporer au préalable au bain-marie jusqu'en consistance de miel épais) et additionnés du sixième ou du quart de leur poids d'acide sulfurique concentré, selon la résistance des matières à se laisser désorganiser. On chauffe modérément au bain de sable, en élevant peu à peu la température et la continuant jusqu'à carbonisation complète de la matière, c'est-à-dire jusqu'à ce qu'il ne se produise plus de vapeurs d'acide sulfureux, mais bien des vapeurs blanches d'acide sulfurique. Alors on verse le contenu du bocal faisant l'office de récipient dans la cornue, afin de transformer l'Arsenic qu'il a condensé et celui du charbon en acide Arsénique ; on rechauffe jusqu'à ce qu'il ne se dégage plus de vapeurs nitreuses, puis on épuise la masse obtenue par de l'eau distillée chaude ; on obtient ainsi, après filtration, une dissolution à peu près incolore qui contient tout l'arsenic à l'état d'acide Arsénique, et qui est exempte d'Antimoine et d'étain. C'est avec diverses portions de cette liqueur qu'on opérera pour rechercher et caractériser l'Arsenic; la majeure partie sera soumise à l'appareil de Marsh pour obtenir des taches et un anneau d'arsenic réduit. Mais pour cela la liqueur ne doit pas être colorée par un reste de matière organique, ni par la présence d'un sel ferrique ou cuivrique, ni contenir aucun principe Azoté, ni du sulfide hydrique, ni de l'acide sulfureux, parce que l'Arsenic ne se dégagerait pas à l'état d'Arséniure hydrique.

Elle ne contiendra pas ces corps si l'on a opéré comme nous l'avons recommandé; cependant il faudra s'en assurer en procédant comme il est indiqué à la page 34, parce que si la liqueur contient encore de la matière organique, celle-ci déposera un enduit noir et terne de charbon dans le tube horizontal chauffé de l'appareil de Marsh, et des taches également noires sur une soucoupe de porcelaine. De plus, ces dépôts disparaîtront complétement lorsqu'on les chauffera au contact de l'air, ou avec de l'acide Nitrique fumant, parce qu'ils se transformeront en acide carbonique.

Appareil de Marsh.

L'appareil dont nous nous servons consiste en un flacon à deux tubulures, d'un demi-litre de capacité; à l'une des tubulures est fixé un tube droit, terminé en entonnoir à sa partie supérieure et dont l'extrémité inférieure plonge à peu près jusqu'au fond du flacon; à l'autre est fixé un tube recourbé à angle un peu obtus, dont la branche horizontale est pourvue d'une boule destinée à retenir l'humidité qui pourrait être entraînée pendant l'opération; l'extrémité inférieure de la branche verticale de ce tube est coupée en biseau pou que les gouttes de liquide retombent et ne passent pas avec le gaz. A ce tube recourbé est adapté un autre, en verre de bohême (exempt de plomb), long de 75 à 80 centimètres, large de 5 à 7 millimètres, et à l'extrémité libre duquel est fixé un petit tube arqué et effilé ; dans le quart antérieur du tube en verre de Bohême (du côté du flacon à deux tubulures), nous plaçons une spirale ou torchette de papier à filtre, pour compléter la dessiccation de l'hydrogène arsénié. Nous préférons cela à l'emploi du chlorure calcique, qui pourrait condenser de l'arsenic, et à l'ouate qui, étant un produit de fabrication, exige encore un examen de sa pureté ; du reste en dégageant lentement le gaz, il n'entraîne pas du tout d'humidité avec la disposition que nous avons adoptée. Les pièces de l'appareil sont jointes les unes aux autres sans permettre la moindre fuite au gaz, et le tout est maintenu solidement au moyen de supports.

Pour le faire fonctionner, on introduit dans le flacon de l'eau, du zinc distillé et peu à peu de l'acide sulfurique, la 8e partie de celle du volume de l'eau ; les quantités à employer de ces trois corps doivent être suffisantes pour qu'ils donnent un dégagement d'hydrogène pendant 25 à 30 minutes, ce qui s'appelle *faire marcher l'appareil à blanc.* Lorsqu'on est certain que tout l'air en est expulsé, on enflamme l'hydrogène et l'on pose dans sa flamme une soucoupe de porcelaine, afin de constater la pureté du gaz : si après 25 à 30 minutes d'épreuve, on ne remarque aucun dépôt sur la soucoupe, ni dans l'intérieur du tube horizontal chauffé, c'est que les trois corps employés sont exempts d'Arsenic et d'Antimoine ; il faut continuer cette épreuve pendant 25 minutes au moins avant de conclure à l'absence de l'arsenic, parce que celui-ci, s'accumulant dans les dernières parties du zinc employé, n'en est enlevé que sur la fin par l'hydrogène. Il est bien entendu que les corps essayés sont pris hors de quantités assez considérables de chacun d'eux pour qu'il en reste encore de quoi faire fonctionner l'appareil pendant toutes les recherches.

Le zinc pur et redistillé est très-difficilement attaqué lorsqu'il est coulé sous la forme de baguettes ; pour en rendre l'attaque plus facile, on a recommandé de verser quelques gouttes de chlorure de platine dans le flacon, ou bien d'y mettre une lame de platine. La première de ces additions est fautive parce que du chlorure de platine peut être entraîné dans le tube horizontal et y déposer du platine réduit par la chaleur ([1]) ; la seconde, bien que efficace, est inutile, parce que le zinc en baguettes étant d'abord aplati par des coups de marteau et puis façonné en lames, est ensuite facilement attaqué par l'eau acidulée d'acide sulfurique ; mais si l'on n'a pas du zinc pur ou facilement attaquable, on le remplacera par du magnésium, qui est toujours exempt d'Arsenic et d'Antimoine, qui est très-vite attaqué par l'eau légèrement acidulée et qu'on peut se procurer facilement à présent. Si, enfin, on ne pouvait se procurer aucun de ces deux métaux, ni de l'acide sulfurique convenable, on y suppléerait par de l'amalgame de sodium, qui décompose l'eau sans le concours d'un acide. A cet effet, voici comment on le préparerait : à du mercure, mis dans un tube de verre fort, on ajouterait petit à petit le 10me, ou le 8me au plus de sodium en petits morceaux, et on chaufferait très-modérément, en évitant d'échauffer la partie vide du tube, où le sodium s'enflammerait. Pour plus de précaution, nous recommandons d'introduire le premier tube dans un second et de chauffer modérément.

Lors donc que l'appareil est bien disposé et que les agents employés pour le faire fonctionner ont été reconnus clairs, on produit de nouveau le dégagement d'hydrogène, puis, dès qu'on s'est assuré que l'air est expulsé, on enflamme le gaz et l'on verse dans le flacon à deux tubu-

---

([1]) C'est pourquoi il ne faut pas employer le chloride hydrique, qui produirait du chlorure zincique, lequel déposerait une pellicule de zinc aussi.

lures un peu de la liqueur à examiner préalablement et suffisamment acidulée d'acide sulfurique pour continuer l'attaque du zinc. Il est préférable d'ajouter en une fois l'acide à la liqueur suspecte que de le verser par portions successives dans le flacon, parce que le dégagement est continu, régulier, non tumultueux, et l'hydrogène toujours en excès par rapport à l'acide Arsénique à réduire et à l'Arsénic qu'il doit entraîner à l'état d'Arséniure hydrique. D'après la seconde manière de faire, au contraire, le dégagement d'hydrogène est intermittent et la flamme s'éteint; pour rallumer le gaz, il faut attendre que l'air rentré soit expulsé de nouveau, car si l'on se presse trop, on détermine une explosion, dont on évite les mauvais effets en enveloppant le flacon d'un essuie-mains mouillé.

Si la liqueur suspecte est Arsénicale, elle change aussitôt le *facies* de la flamme de l'hydrogène: celle-ci prend un aspect livide, exhale une odeur alliacée et dégage une fumée blanche; dès qu'on s'en aperçoit, on chauffe une partie du tube horizontal et l'on pose dans la flamme, de manière à l'écraser et à empêcher le contact de l'air, une soucoupe de porcelaine (1) parfaitement desséchée et qu'on fait tourner lentement, mais constamment, car si on la laissait immobile, l'Arsenic réduit et d'abord déposé se volatiliserait par suite de la chaleur qui s'accumulerait à cette place.

Lorsque la première soucoupe est recouverte de taches, on la remplace par une autre, et ainsi de suite, en continuant de verser peu à peu de la liqueur suspecte dans le flacon à deux tubulures, de manière à l'y introduire toute sans interrompre le dégagement de gaz. Quand enfin, il ne dégage plus rien, on a l'Arsenic réduit sous la forme d'un *anneau noir* dans le tube horizontal, et sous la forme de

---

(1) Une soucoupe de faïence étant recouverte d'un vernis de céruse, donnerait une pellicule de plomb réduit par la flamme de l'hydrogène.

4

taches noires brunâtres et brillantes sur les soucoupes. Nous ne disons pas *tout l'Arsenic*, parce qu'il est reconnu qu'une partie reste dans le flacon à l'état d'Arséniure hydrique solide, selon les uns, et à l'état d'Arsenic réduit, d'après *Engel*; voilà pourquoi il est préférable de verser peu de liqueur suspecte chaque fois, afin que l'hydrogène y soit en excès ; en outre, on devra rechercher aussi la présence de l'arsenic dans le liquide du flacon.

Il n'est pas nécessaire de réduire tout l'Arséniure hydrique par la chaleur; lorsqu'on en a obtenu assez dans le tube et sur une soucoupe, on peut cesser de chauffer et recevoir le gaz dans une solution de permanganate potassique acidulée, ou d'Azotate Argentique : dans la première il se formera de l'Arséniate manganoso-potassique et il y aura décoloration, dans la seconde il se formera de l'acide Arsénieux dissous et de l'Argent précipité; l'hydrogène se dégagera dans les deux cas.

L'anneau et les taches sont ensuite dissous par de l'acide nitrique *concentré*, dans lequel ils disparaissent immédiatement quand ils ne sont formés que d'Arsenic réduit. On évapore cette dissolution incolore jusqu'à siccité, pour obtenir de l'acide Arsénique qu'on sature par quelques gouttes d'ammoniaque, dont on expulse l'excès par une évaporation au bain-marie. Si le résidu d'Arséniate ammonique est en trop minime quantité pour être partagé en deux portions, on verse dessus quelques gouttes d'une solution au dixième d'azotate argentique neutre, qui forme un précipité *rouge-brique d'arséniate argentique*, soluble dans l'acide nitrique, ainsi que dans l'ammoniaque ; voilà pourquoi l'arséniate ammonique et le réactif doivent être neutres.

En faisant usage d'acétate argentique, on peut obtenir un précipité d'Arséniate argentique avec la dissolution à essayer sans la neutraliser, parce que l'arséniate argentique est insoluble dans l'acide acétique. Si l'on a pu partager la dissolution obtenue en deux portions, la seconde est traitée par du sulfate cuivrique un peu ammoniacalisé, qui donne un précipité *bleu-vert d'arséniate cuivrique*, également soluble dans l'acide nitrique et dans l'ammoniaque (1).

Ces réactions caractérisent suffisamment l'arsenic, mais comme nous avons dit, page 46, qu'on partage la liqueur incolore, provenant de la désorganisation de la matière organique, en plusieurs portions, on exécute ensuite avec celles-ci les réactions principales par la voie humide, afin de démontrer d'une manière évidente la présence de l'arsenic et d'obtenir des *pièces de conviction*. Ces liqueurs contenant de l'Arséniate sodique, si on les a saturées par du carbonate sodique, voici les réactions qu'elles produiront : nous plaçons les caractères des Arsénites en regard, pour le cas où l'on voudrait les produire aussi après avoir traité une portion de la liqueur par de l'acide sulfureux, pour la rendre arsénieuse.

(1) Si l'acide nitrique n'a pas été suffisant, on obtient de l'acide arsénieux ou un mélange; alors les précipités n'ont pas des couleurs nettes.

Caractères des Arséniates.

Le sulfide hydrique ne produit pas de précipité dans les Arséniates alcalins neutres ; s'ils sont acidulés par un acide minéral, il se forme au bout d'un temps très-long (24 heures) un précipité *jaune clair* de sulfide Arsénique ; mais si l'on chauffe à 85°, la précipitation est plus rapide et plus complète, parce que, sous ces influences le sulfide hydrique a transformé d'abord l'acide Arsénique en acide Arsénieux, puis celui-ci en sulfide Arsénieux tout-à-fait insoluble et de couleur *jaune clair* aussi, parce qu'il est mêlé au soufre du sulfide hydrique réduit.

Le Sulfhydrate ammonique ne précipite les Arséniates qu'en présence d'un acide non plus.

L'Azotate Argentique et *l'Azotate Argentico-ammonique* produisent, le premier dans les liqueurs neutres et le second dans les liqueurs acides, un précipité *rouge-brique*, d'*Arséniate Argentique*, soluble dans les acides et dans l'ammoniaque.

Le sulfate cuivrique et le *cuprico-ammonique* produisent un précipité *bleu-verdâtre*, d'Arséniate cuivrique dans les dissolutions neutres ou acides.

Le *Chlorure stanneux fumant* (sans eau) versé dans la dissolution d'un Arséniate acidulée de chloride hydrique, en précipite à chaud tout l'Arsenic, ce qui n'a pas lieu avec les dissolutions d'antimoine.

Caractères des Arsénites.

Il ne précipite pas non plus les Arsénites alcalins neutres, mais bien immédiatement lorsqu'ils sont acidulés ; ce précipité de sulfide Arsénieux est *jaune citrin*, entièrement soluble dans les sulfures alcalins, dans l'ammoniaque et *caractéristiquement* dans le carbonate ammonique à chaud, ce qui arrive aussi au sulfide Arsénique; s'ils sont accompagnés de soufre réduit, celui-ci reste indissous dans le carbonnate ammonique.

Il agit de même dans les Arsénites.

Ces réactifs produisent un précipité *jaune d'Arsénite argentique* dans les dissolutions neutres ou acides aussi, et soluble dans les acides et dans l'ammoniaque.

Ils produisent un précipité *vert* d'Arsénite cuivrique dans des dissolutions neutres ou acides.

Il agit de même dans les dissolutions acidulées des Arsénites.

Ces réactions, faites après celles que nous avons indiquées précédemment, ne laissent pas le moindre doute sur la présence de l'Arsenic ; cependant, à propos de la recherche de l'Antimoine, nous en indiquerons encore d'autres pour bien différencier ces deux corps.

Analyse de la Terre du cimetière. — Dans le cas de recherche de l'Arsenic dans un cadavre exhumé, on commencera, préalablement à toute recherche sur les viscères, par analyser de la terre du cimetière qui n'a jamais été en contact avec des cadavres, afin de savoir si elle renferme de l'Arsenic naturellement ou non. Pour cela, on en prélèvera de petites portions dans divers endroits du champ, on les mêlera intimement, puis on en prélèvera une prise d'essai, qu'on traitera absolument comme nous l'avons indiqué pour les matières suspectes, afin de détruire les substances organiques qu'elle contient et de se mettre dans les mêmes conditions ; il va sans dire que la portion de liqueur qu'on soumettra à l'appareil de Marsh devra être incolore aussi. Si, ce qui n'a jamais lieu, on constate l'Arsenic dans la terre du cimetière, on recherchera quel est son état salin, puis on épuisera une notable portion des viscères par des lavages à l'eau chaude, parce que l'expérience a démontré que les organes imprégnés d'Arsenic après décès, le cèdent par des lavages répétés, attendu qu'ils n'ont pas contracté de combinaison intime avec ce toxique.

Mais, bien probablement, la terre vierge du cimetière ne contiendra pas d'Arsenic, et alors il faudra en prendre d'autres portions sous le cercueil et sur les deux côtés, et les analyser aussi de la même façon. Les planches du cercueil seront bouillies dans de l'eau acidulée pour s'assurer si elles contiennent un composé arsénical ; enfin, rien de ce que l'on trouvera dans le cercueil ne devra passer inaperçu, ni sans être éprouvé suffisamment.

Tapisseries et autres tissus coloriés par des composés Arsénicaux.

C'est, avons nous dit, le *vert de Scheèle* ou de *schweinfurt*, Arsénite cuivrique, qui forme le plus souvent la base des couleurs vertes. Bien des accidents ont été produits par des tapisseries et des couleurs vertes placées dans des chambres à coucher ; depuis quelque temps on les attribue à la formation d'Arséniure trihydrique, résultant d'abord de la décomposition de l'acide Arsénieux et de l'humidité de la chambre, et puis de l'union de l'hydrogène avec l'Arsenic ; mais cette hypothèse nous paraît hasardée, et nous admettons plutôt que les accidents sont dus aux poussières arsénicales qui se détachent des parois et qui sont aspirées par les personnes. C'est aussi l'explication que l'on donne de l'indisposition des ouvrières qui confectionnent des robes coloriées par du vert de Schweinfurt, ou du rouge d'aniline ou de la fuchsine, et des jeunes personnes qui les portent aux bals.

Pour compléter la liste des composés Arsénicaux usités dans l'économie domestique, nous citons encore les bougies et les bonbons colorés en vert. Tous ces produits contenant des matières organiques pourront être traités par le procédé complet que nous avons fait connaître ; cependant comme les tapisseries et les tissus légers n'exigent pas un procédé aussi énergique et aussi long pour être désorganisés, voici celui que nous avons imaginé en 1875 :

Le tissu (papier ou étoffe légère) est d'abord divisé en bandelettes, puis celles-ci, posées sur le fond d'une assiette à soupe en porcelaine, sont recouvertes d'une solution saturée à chaud de chlorate potassique et ensuite chauffées au bain-marie jusqu'à dessiccation complète. Alors le produit est enflammé et recouvert aussitôt d'une grande cloche de verre, afin de ne rien perdre ; la cendre obtenue est pulvérisée, puis épuisée immédiatement à froid par l'eau qui a servi à rincer l'assiette et la cloche après la combustion. On obtient ainsi, après filtration, tout l'Arsenic en solution, sous l'état d'Arséniate potassique, qu'on peut soumettre ensuite à l'appareil de Marsh et à l'action des réactifs que nous avons indiqués. Il va sans dire que si la liqueur était colorée en vert par un peu de cuivre dissous, on y ajouterait de la potasse caustique et l'on filtrerait pour l'en éliminer complétement.

Enfin, bien que nous ne soyons pas partisan du dosage des toxiques, en tant que venant apporter une preuve de plus pour affirmer l'empoisonnement, nous allons cependant indiquer quelques procédés simples du dosage de l'Arsenic.

1° *Procédé Berzélius*. — Il consiste à faire passer le gaz Arséniure hydrique sur une spirale de cuivre pesée et placée dans le tube de verre horizontal chauffé : la spirale de cuivre retient tout l'Arsenic à l'état d'Arséniure de cuivre, gris-blanc, qu'on pèse après cessation de dégagement de gaz et refroidissement ; il va sans dire que l'augmentation de poids constatée indique la quantité d'Arsenic. Mais nous avons dit que, quoiqu'on opère avec la plus grande délicatesse pour transformer l'Arsenic en Arséniure trihydrique, il en reste toujours dans le flacon à deux tubulures, et qu'il faut ensuite l'en retirer pour obtenir la quantité totale ; aussi Berzélius a-t-il conseillé la spirale de cuivre plutôt pour l'analyse qualitative de l'Arsenic que pour son analyse quantitative.

2° On traite la dissolution de l'acide Arsénieux légèrement acidulée de chloride hydrique, ou celle de l'acide Arsénique, plus fortement acidulée que la première, par du sulfide hydrique à suffisance : au bout d'un certain temps de repos, on obtient un précipité jaune de sulfide Arsénieux, mêlé de soufre dans le second cas ; après l'avoir séparé du liquide éclairci, on le lave, puis on le traite par une solution de carbonate ammonique à chaud, qui le dissout et non le soufre, qu'on filtre. Ce liquide est ensuite introduit dans une petite capsule de porcelaine bien dessèchée et tarée, puis évaporé au bain-marie à siccité complète et la capsule repesée : les poids que l'on a dû ajouter à la tare pour rétablir l'équilibre primitif, indiquent bien exactement le poids du sulfide Arsénieux, lequel, multiplié par 0,803, donne le poids de l'acide Arsénieux, ou par 0,609, donne celui de l'Arsenic.

3° Ou bien encore, et pour contrôler l'exactitude du résultat, on traite ce sulfide arsénieux par de l'eau régale à chaud et dans la même capsule ; on évapore à siccité complète pour dissiper l'acide sulfurique formé, puis on humecte le résidu avec un peu d'eau, on y ajoute de la poudre de charbon pur qui vient d'être calciné (afin d'avoir la certitude qu'il est tout à fait sec), et on dessèche le mélange jusqu'à ce qu'un verre de montre posé au-dessus ne condense plus d'humidité. Alors on l'introduit dans un tube de verre fermé, très-étroit et chauffé fortement au préalable pour qu'il soit bien sec, on met par dessus une couche du même charbon calciné et l'on chauffe le tube au rouge, de haut en bas, et jusqu'à ce qu'il ne se sublime plus d'arsenic.

Si malgré la dessiccation préalable du mélange, il se condense d'abord de la vapeur d'eau dans la partie supérieure du tube, on l'enlève au moyen d'une languette de papier à filtre. Si l'opération a été bien conduite, on obtient tout l'arsenic dans la partie supérieure du tube, que l'on coupe au moyen d'une lime, puis que l'on chauffe pour en expulser le sublimé et qu'on repèse ensuite pour connaître le poids de l'arsenic réduit.

4° Il y encore le procédé plus compliqué du dosage de l'arsenic à l'état d'arséniate magnésico-ammonique ; mais c'est plutôt pour un dosage précis de chimie analytique que pour la toxicologie.

Antimoine.

Jusqu'à présent les composés d'Antimoine n'ont guère servi à produire des empoisonnements criminels, par les raisons que les deux seuls sels solubles, connus du public, l'Émétique et le Chlorure, ne peuvent être obtenus qu'au moyen de recettes délivrées par le médecin, et, qu'en outre, l'émétique pris en forte dose, loin de donner sûrement la mort, est assez vite expulsé du corps par les vomissements, les selles et les urines. C'est plutôt à un usage trop longtemps prolongé de l'émétique, ou à des doses un peu trop fortes administrées comme médicament à des enfants, et sans mauvaise intention, qu'on doit attribuer les empoisonnements qui ont eu lieu. Cependant le chlorure d'Antimoine, qui est un caustique destiné aux usages externes, est souvent employé par les ouvriers armuriers pour bronzer les canons de fusils; pour cet usage, on peut se le procurer en solution éthérée sans recourir à l'ordonnance d'un médecin, et voilà comment ont pu se produire les empoisonnements suicides ou accidentels que l'on a constatés.

On va bien jusqu'à rapporter que l'Antimoniure hydrique a produit aussi des cas de mort; certes ce gaz est vénéneux, mais il est très-douteux qu'on l'ait préparé pour donner la mort, et si celle-ci a eu lieu par l'effet de ce gaz, c'est plutôt un accident qu'un crime.

Recherche de l'Antimoine. — Comme l'Emétique donné à dose un peu forte est assez vite expulsé du corps en vie par les vomissements, les selles et les urines, l'expert chimiste doit surtout le rechercher dans ces matières, et puis, si la mort a été le résultat de cette administration, dans l'appareil digestif et son contenu, le foie surtout, la rate, les reins et les poumons.

Il devra, comme pour la recherche de l'Arsenic, bien examiner tout ce qu'il aura à sa disposition, afin de tâcher de trouver des grains ou de la poudre d'Emétique, ou de constater les eschares produites sur les tissus par le chlorure d'Antimoine, dans le cas où ce dernier aurait occasionné la mort. Ces eschares se présentent sous la forme de taches blanches, molles, larges et profondes ; elles sont blanches par suite de l'enduit d'oxydo-chlorure d'Antimoine qui les recouvre et qu'on enlève mécaniquement, ou avec de l'Alcool ou avec un peu de chloride hydrique étendu.

Tout ce qu'on aura pu enlever sera dissous dans l'eau, puis la solution légèrement acidulée de chloride hydrique sera sursaturée de sulfide hydrique. Quelque peu de la matière blanche étant chauffée à sec répandra l'odeur du pain brûlé, caractère de l'acide tartrique.

Les liquides suspects seront d'abord chauffés modérément, afin de coaguler l'albumine, puis filtrés à la toile mouillée, ensuite au filtre de papier également mouillé, et la liqueur claire sera légèrement acidulée de chloride hydrique, sursaturée de sulfide hydrique et abandonnée au repos pendant 24 à 36 heures. S'il y a présence d'Antimoine dans les liquides ainsi traités, on obtiendra un précipité *jaune orangé* de sulfure d'Antimoine, sur lequel on opérera ultérieurement et comme nous l'indiquerons plus loin, pour faire ressortir tous les caractères distinctifs de l'Antimoine. Le liquide séparé du précipité sera évaporé à siccité pour en expulser le sulfide hydrique ; le résidu sera épuisé par de l'eau chaude, filtré et partagé en plusieurs portions, dans lesquelles on versera respectivement du chloride Platinique et de l'acide Perchlorique, afin de constater la potasse. On a pu retrouver de l'Emétique après plusieurs années d'inhumation.

Quant aux matières suspectes solides, une forte partie sera épuisée aussi par de l'eau chaude légèrement acidulée de chloride hydrique, afin d'enlever tout l'émétique, qu'on cherchera à constater de la manière qui vient d'être indiquée. Une autre portion sera divisée suffisamment et désorganisée comme pour la recherche de l'arsenic, sauf que le charbon obtenu sera repris par de l'acide chlorhydrique concentré et additionné d'*un peu* d'acide Nitrique. La dissolution incolore sera évaporée presque à siccité (sans faire bouillir) pour expulser l'acide Nitrique, et le résidu sera redissous par de l'eau et un peu de chloride hydrique, si la dissolution se trouble. Celle-ci, bien claire, sera partagée en deux portions au moins : une pour être soumise à l'appareil de Marsh, et l'autre aux réactifs de la voie humide. Tout ce qui a rapport à l'appareil de Marsh doit se passer comme pour la recherche de l'Arsenic ; c'est-à-dire, absence de composé azoté, sulfuré ou réductible autre que le chlorure d'Antimoine.

Lors donc que l'appareil aura *fonctionné à blanc* pendant 25 minutes au moins, on y introduira un peu de la liqueur suspecte, rendue acide par du chloride hydrique, et, si elle renferme de l'antimoine, on constatera immédiatement une flamme de couleur *vert-bleuâtre* et une fumée blanche, *inodore*, qui déposera des taches *noires et ternes* sur la soucoupe de porcelaine. Si, comme pour l'arsenic, on chauffe le tube horizontal, il s'y déposera, à droite et à gauche de l'endroit chauffé *un anneau très-brillant*, d'antimoine métallique, et la flamme cessera d'être colorée, parce que l'antimoine, moins volatil que l'arsenic, sera presque tout condensé dans le tube horizontal, surtout si on le chauffe assez fortement et si le dégagement du gaz n'est pas trop rapide. Ce gaz reçu dans une solution d'azotate argentique y produira un précipité gris d'antimoniure d'argent, et de l'antimoniate potassique soluble dans la solution de permanganate potassique acidulée, plus de l'hydroxyde manganeux insoluble, quand l'antimoniure hydrique est en excès.

L'emploi du magnésium sera dans ce cas-ci plus avantageux que celui du zinc, parce qu'il précipitera moins d'antimoine dans le flacon de l'appareil.

Après avoir dégagé tout l'antimoine à l'état d'antimoniure hydrique, on essaie les taches et l'anneau métallique : les premières traitées par de l'acide nitrique concentré se détachent lentement de la soucoupe et se transforment en oxyde antimonique insoluble et sous la forme de flocons blancs ; quant à l'anneau voici ce qui le caractérise : lorsqu'on fait passer un faible courant de sulfide hydrique sec dans le tube où se trouve l'anneau métallique légèrement chauffé, celui-ci se transforme en sulfure d'antimoine *jaune orangé*, ou *brun* si la couche est épaisse, mais sans changer de place. Ensuite si l'on y fait passer un faible courant de gaz chlorhydrique, le sulfure se transforme en chlorure, qui disparaît instantanément, surtout qu'il est entraîné par le courant de gaz chlorhydrique. Si on le reçoit dans un peu d'eau acidulée d'acide tartrique, on obtient une dissolution qui permet ensuite de faire les caractères distinctifs des sels d'antimoine.

Nous indiquerons plus loin les différences qui existent entre les taches et l'anneau de l'antimoine et ceux de l'arsenic. Voyons quels sont les caractères qu'on peut produire par la voie humide : pour cela nous opérerons sur la portion de la liqueur séparée de celle qui a été soumise à l'appareil de Marsh.

Caractères des sels d'Antimoine.

La *potasse*, la *soude*, l'*ammoniaque* et *les carbonates de ces bases*, en précipitent de l'hydroxyde antimonique blanc, soluble dans les deux premiers réactifs, et un peu dans un excès de carbonate sodique *à chaud*, qui le laisse reprécipiter par le refroidissement.

Le *sulfide hydrique* et *le sulfhydrate ammonique* y forment un précipité *jaune orangé*, de sulfure d'antimoine, soluble dans les sulfures alcalins et dans la potasse caustique, mais insoluble dans l'ammoniaque et son carbonate.

L'hyposulfite sodique y forme un précipité *rouge vif*, appelé *vermillon d'antimoine*.

Les métaux plus électro-positifs que l'antimoine le précipitent de ses dissolutions à l'état de métal réduit, sous la forme d'une poudre noire et terne comme du charbon, mais en le frottant lorsqu'il est desséché, il devient brillant. Le cuivre convient le mieux pour produire cette réaction, parce qu'il ne fait pas dégager de l'antimoniure hydrique.

Telles sont les opérations les plus délicates connues actuellement pour rechercher et caractériser l'antimoine; mais comme on a déjà administré plusieurs fois l'émétique pour expulser l'arsenic dans les cas d'empoisonnement, et que d'autre part, on a aussi constaté l'arsenic dans l'émétique, il importe de pouvoir séparer ces deux toxiques et de bien les différencier, afin de ne pas affirmer des inexactitudes.

Voici, sous forme de tableau, les caractères qui permettent d'établir cette distinction de la façon la plus évidente :

	RÉACTIFS.	ARSENIC.	ANTIMOINE.
TACHES		Noires, brunâtres, brillantes et minces à la circonférence.	Noires ternes, d'un aspect velouté, et dont le bord circulaire paraît fondu.
	L'Acide nitrique.	Les dissout et les transforme à chaud en acide arsénique qui, évaporé à siccité et repris par une solution de potasse donne une liqueur qu'on peut essayer par les réactifs des arséniates.	Les attaque et les transforme en flocons blancs d'oxyde antimonique insoluble dans l'eau, soluble dans la potasse, mais cette dissolution se comporte tout différemment de celle des Arséniates avec les réactifs.
	L'Hypochlorite sodique en solution.	Les dissout *immédiatement.* D'où si les taches sont mixtes, elles diminuent de volume par suite de l'Arsenic qui s'est dissous.	Les détache *au bout de quelque temps* sans les dissoudre.
	Le Sulfhydrate Ammonique.	Les transforme en sulfure d'arsenic *jaune* par l'évaporation au bain-marie.	Produit du sulfide antimonieux *jaune orangé.*
ANNEAU		Unique, peu brillant et éloigné de la place chauffée. Si on le chauffe après avoir bouché le tube, il change de place *sans se fondre.*	En deux parties, à droite et à gauche du point chauffé, dont elles sont peu éloignées ; il est plus brillant que celui de l'arsenic, et quand on le chauffe après avoir bouché le tube, il se fond sans se sublimer.
	L'hydrogène.	Le déplace immédiatement à chaud sans qu'il fonde.	Ne le déplace pas, mais l'Antimoine fond.
	Le sulfide hydrique gazeux.	Le transforme à chaud en sulfure d'arsenic *jaune*, qui résiste au gaz chlorhydrique sec qu'on y fait passer ensuite à froid, mais qui se dissout par le carbonate ammonique. Si l'enduit est mixte, le sulfide hydrique produit deux sulfures, séparés de façon que celui d'Arsenic est le plus éloigné du point chauffé et est seul dissous par le carbonate ammonique. Ou encore : le mélange des deux sulfures obtenus par précipitation étant bouilli dans de l'eau au contact de l'air, donne lieu à de l'Acide Arsénieux dissous, et à de l'oxyde Antimonique blanc et insoluble ; on les sépare par filtration.	Produit du sulfide antimonieux *jaune orangé*, insoluble dans le carbonate ammonique, mais qui est transformé immédiatement en chlorure par le gaz chlorhydrique.
	La spirale de cuivre.	Blanchit dans le gaz arséniure hydrique, parce qu'elle se transforme en Arséniure cuivrique qui, chauffé à l'air, y répand une odeur et une fumée blanche d'acide Arsénieux.	La spirale devient grise parce qu'elle se recouvre d'Antimoine, mais elle ne répand ni odeur ni fumée lorsqu'on la chauffe à l'air.
	La solution de sulfate Argentique.	Est réduite par l'Arséniure hydrique, qui y forme de l'acide Arsénieux en solution, et un précipité *brun* d'Argent. Cette réaction est plus sensible qu'avec l'Azotate, qui se comporte de même. Si l'on y verse du chloride hydrique pour précipiter le restant d'argent, puis qu'on filtre, la liqueur claire précipitera *en jaune* par le sulfide hydrique.	Est réduite avec précipitation totale de l'Argent et de l'antimoine, dont une partie de l'argent est à l'état d'Antimoniure argentique, et la liqueur filtrée ne contient plus que de l'acide sulfurique ou nitrique, selon le sel d'argent employé. L'acide Tartrique peut enlever tout l'Antimoine à ce précipité, ce qui fait supposer qu'il est un mélange d'Argent et d'Antimoine plus ou moins oxydé.

Enfin, lorsque le gaz est mixte, on peut encore distinguer ses constituants de la manière suivante : on tourne vers le bas l'extrémité effilée du tube arqué (qui termine l'appareil), on allume le gaz et on le fait brûler dans un ballon de verre, d'un quart de litre de capacité, bien sec et plongé dans de l'eau froide. Lorsque tout l'oxygène de l'air de ce premier ballon est consommé (ce que l'on reconnaît à la diminution notable de la flamme), on y substitue un deuxième ballon et l'on continue ainsi jusqu'à ce que la liqueur suspecte ne fournisse plus de gaz.

Ces ballons peuvent contenir de l'acide arsénieux, ou de l'antimonieux, ou bien un mélange des deux : dans le premier cas, l'enduit blanc obtenu doit se dissoudre entièrement dans de l'eau chaude, ce qui permet d'examiner ensuite cette solution ; dans le deuxième cas, rien ne se dissout, pas plus que dans le troisième, s'il se trouve assez d'oxyde antimonique pour former de l'arsénite antimonique, lequel est insoluble. On en constate la composition en le dissolvant par un peu de potasse caustique et y versant ensuite du sulfide hydrique, puis un excès de carbonate ammonique : tout l'antimoine se précipite à l'état de sulfure *jaune orangé*, tandis que le sulfide arsénieux reste dissous ; après filtration, on le précipite en versant peu à peu du chloride hydrique dans la liqueur jusqu'à ce qu'elle devienne acide.

Mercure.

Les empoisonnements produits par le mercure et ses composés sont accidentels, le plus souvent : ainsi les ouvriers qui en emploient dans l'exercice de leurs professions ressentent à la longue des indispositions, notamment la *salivation dite mercurielle*. Les étameurs de glaces, les doreurs au feu, les fabricants de calomel, de vermillon, de fulminate de mercure, de sulfocyanure de mercure et d'autres préparations de ce métal, sont sujets à cette indisposition ; il y en a même qui sont intoxiqués au point d'en mourir.

On a constaté aussi que des enfants qui fesaient brûler du sulfocyanure de mercure, façonné en jouets dits *serpents de Pharaon*, ont été empoisonnés par les vapeurs de cette combustion.

Plusieurs empoisonnements criminels ont été consommés par le sublimé corrosif.

Les composés de mercure capables de produire l'empoisonnement aigu, sont : le sublimé corrosif, l'azotate et le sulfate de mercure ; le cyanure mercurique est celui qui le produit le plus rapidement, mais c'est, dit-on, par suite de la formation d'acide cyanhydrique et non par la présence du mercure ; nous nous en occupons à propos des cyanures.

Le calomel et les autres composés insolubles du mercure ne produisent qu'une intoxication chronique, qu'on peut combattre efficacement, à moins que la présence d'un acide ou d'un chlorure alcalin dans l'estomac ne transforme le calomel en sublimé corrosif, ce qui s'est déjà vu.

Recherche du Mercure. — Le mercure peut se retrouver dans le cadavre longtemps après l'inhumation. — Pendant la vie, il s'élimine par les crachats, les fêces et les urines ; c'est donc en opérant sur ces matières qu'on recherchera les composés solubles du mercure et même le calomel ; après le décès, on opérera, en outre, sur la bile, le sang, le foie et les autres organes parenchymateux. Mais, au préalable, on examinera, comme cela doit toujours se faire, les matières suspectes, afin d'en retirer les corps solides qui auraient l'apparence d'un composé mercuriel insoluble ; et s'il s'agit d'un cadavre exhumé, on s'assurera par des renseignements précis, ainsi que par un examen tout spécial, s'il n'a pas été embaumé.

Par des traitements successifs à l'eau bouillante, on

pourra peut-être dissoudre du sel de mercure qui a causé la mort et en reconnaître la nature.

Les matières suspectes solides seront désorganisées par les acides sulfurique et Nitrique à chaud, dans un appareil distillatoire semblable à celui recommandé pour la recherche de l'Arsenic, mais on aura le soin de chauffer à une température basse (suffisante cependant), afin de ne pas volatiliser du chlorure de mercure, qui ne serait pas perdu pour cela, puisque l'appareil est muni d'un récipient. Le charbon obtenu sera repris par l'acide Nitrique contenu dans le récipient et un peu de chloride hydrique, afin de dissoudre le sulfure de mercure qui pourrait s'y trouver, puis chauffé modérément jusqu'à siccité; alors on épuisera la masse par de l'eau bouillante et l'on filtrera la dissolution, qu'on partagera en plusieurs portions pour y verser les réactifs nécessaires à la constatation du mercure.

Le procédé de destruction des matières organiques au moyen de l'acide chlorhydrique et du chlorate potassique ne convient pas dans le cas de recherche du mercure, parce que, insuffisant pour détruire complétement les matières organiques, il produit du chlorure mercurique, qui forme des combinaisons avec l'une ou l'autre d'elles, et peut en empêcher la constatation.

Quand on a affaire à des liquides consistants et en assez grande quantité, on les dessèche *complétement* au bain-marie, puis on mêle la masse avec le quart ou le tiers de son poids de carbonate sodique récemment calciné, et on chauffe ce mélange dans une cornue de verre haute et étroite, remplie aux trois quarts au plus (afin d'éviter le débordement produit par le boursouflement) et munie d'un récipient. Lorsque la chaleur élevée presque insensiblement a été portée jusqu'à rougir la cornue et qu'il ne se sublime plus rien, on cesse de chauffer, et après le refroidissement on enlève tout le mercure condensé dans l'intérieur de l'appareil, on le lave, on le dessèche et le pèse pour en connaître le poids approximatif.

On peut le conserver comme pièce de conviction, ou en dissoudre une partie pour faire les réactions caractéristiques.

Par les divers traitements que nous venons d'indiquer, on ne pourra manquer d'extraire le mercure contenu dans les matières y soumises, et on le recherchera de la manière suivante dans les dissolutions obtenues, que nous supposons, avec raison, être à l'état mercurique :

Caractères des Sels mercuriques.

La *potasse* et la *soude* y produisent d'abord un *précipité rouge brique*, qui devient *jaune* par un excès de ces réactifs ; c'est de l'hydroxyde mercurique.

L'*ammoniaque* et son *carbonate*, un *précipité blanc*, de chloramidure de mercure, s'il a été formé dans du sublimé corrosif.

Les *carbonates potassique et sodique* y forment un *précipité rouge brun*.

Le *chlorure stanneux*, d'abord un *précipité blanc*, de chlorure mercureux qui, par un excès de réactif et la chaleur, devient *gris* ; c'est du mercure réduit.

Le *sulfide hydrique*, en petite quantité, produit d'abord un *précipité blanc*, ensuite un *précipité orangé*, de chlorosulfure, enfin, un *précipité noir*, de sulfure mercurique insoluble dans les acides, soluble dans l'eau régale.

Le *sulfhydrate ammonique*, un *précipité noir*, soluble par la potasse à chaud.

Nous indiquons ci-après les réactions complémentaires qu'on peut faire avec les précipités noirs de sulfure de mercure, pour confirmer la présence de ce métal.

L'*iodure potassique* y produit un *précipité rouge vif*, soluble avec décoloration dans un excès du précipitant.

Une lame de cuivre se recouvre d'un *enduit gris* de mercure ; celui-ci peut être enlevé complétement à la liqueur si l'on place le vase dans de l'eau chaude ou dans un bain de sable. La réaction est plus active si l'on plonge dans le liquide mercuriel une lame de zinc enroulée d'un fil de cuivre bien recuit et décapé ; on peut, de la sorte, doser le mercure après dessiccation et en repesant le fil de cuivre qui avait été pesé au préalable.

La pile de *Smithson*, formée d'une lame d'étain enroulée d'une feuille d'or, étant plongée dans une liqueur mercurielle acidulée, en enlève également tout le mercure, qui se dépose sur l'or et le blanchit. Cet appareil, bien que très-sensible, peut produire de l'oxydochlorure d'étain plus ou moins blanc, qui rend la liqueur laiteuse et peut induire en erreur et empêcher le dosage du mercure ; pour éviter cet inconvénient, on a conseillé de remplacer l'étain par une lamelle de fer enroulée d'une feuille d'or pesée au préalable, et lorsque la réaction a cessé complétement, on lave la feuille d'or, on la dessèche parfaitement, puis on la repèse, afin de connaître le poids du mercure. Après cela, on peut chasser le mercure de la lamelle d'or, si l'on ne veut pas la présenter comme pièce de conviction ; à cet effet, on la chauffe dans un tube fermé, dans la partie supérieure duquel on introduit un papier humecté d'azotate argentique ammoniacal et desséché ; aussitôt que la vapeur du mercure vient se mettre en contact avec lui, il devient *brun*.

Enfin, le ou les précipités noirs de sulfure de mercure, obtenus par le sulfide hydrique et le sulfhydrate ammonique, ayant été bien lavés et bien desséchés (ou bien le vermillon recueilli des pièces à conviction), sont mêlés avec trois à quatre fois leur poids de carbonate sodique récemment calciné, et le mélange est introduit dans un tube fermé et bien sec aussi ; on nettoie parfaitement la partie vide pour qu'elle ne retienne rien du mélange, et on la chauffe modérément de haut en bas pour s'assurer de l'absence de l'humidité ; s'il en apparaît encore, on l'enlève au moyen de papier à filtre, puis on chauffe le mélange progressivement et jusqu'à ce qu'il ne donne plus de sublimé de mercure. Alors on coupe la partie du tube qui le contient, et on y place, un peu en avant du sublimé, un fragment d'iode et l'on chauffe le mercure: celui-ci en venant en contact avec l'iode donne un sublimé aiguillé jaune, qui devient rouge vif par le refroidissement ; c'est de l'iodure mercurique ; on peut donc obtenir dans ce tube un sublimé *gris, brillant,* de mercure, et un second, *rouge vif* et *cristallisé,* d'iodure de mercure, qu'on présentera comme une excellente pièce de conviction.

Avant d'abandonner le mercure pour nous occuper d'un autre toxique, nous ferons remarquer que tous les précipités colorés sont tellement apparents, qu'on peut les rendre évidents avec la plus petite quantité de dissolution mercurique : il suffit d'y tremper une bandelette de papier que l'on dessèche ensuite au bain-marie, puis d'y poser successivement, et de distance en distance, une goutte de chacun des réactifs que nous avons cités, pour voir apparaître immédiatement les composés qu'ils forment.

Cuivre.

Après les empoisonnements produits par le Phosphore et par l'Arsenic, les plus fréquents et les plus nombreux sont ceux produits par les composés du cuivre. Cela peut se concevoir aisément, quand on pense que ce métal est dans le commerce et l'économie domestique sous toutes les formes possibles: monnaies de billon, d'argent et d'or, vases et ustensiles culinaires, papiers de tenture, bonbons, liqueurs, conserves, pains à cacheter, industries et métiers qui ressortent à ce métal. On est donc constamment en contact avec lui, et voilà ce qui explique le grand nombre d'empoisonnements accidentels, et pourquoi on a trouvé du cuivre dans le sang, la bile, le foie et les calculs biliaires, ainsi que dans des œufs de poule. C'est comme conséquence de cette découverte, que certains savants prétendent que ce métal existe normalement dans l'économie animale, mais ce n'est pas admis cependant.

Les composés de cuivre qui provoquent le plus d'empoisonnements sont : le *vitriol bleu,* employé pour chauler les céréales, pour faire paraître le pain plus blanc et plus pesant ; le *vert de gris,* qui s'introduit dans les aliments préparés au moyen d'ustensiles en cuivre ; enfin les poussières qu'on respire et qui pénètrent dans l'économie par la peau.

Recherche du cuivre. — Le cuivre absorbé, pénètre dans le sang, se localise dans le foie et s'élimine principalement par la bile, par les urines aussi et les fèces.

Outre les viscères, on a encore à analyser des aliments et de la terre de cimetière, afin de pouvoir dire si le cuivre existait préalablement dans les tissus organiques, ou s'il y a été introduit d'une façon anomale, et qui a pu déterminer des accidents.

Toutes les matières suspectes devront être examinées avec le plus grand soin, afin d'en retirer les corps solides qui auraient attiré l'attention de l'expert, et les parties colorées seront arrosées avec de l'ammoniaque, qui leur fera prendre une teinte *bleu d'azur,* si elles sont imprégnées d'un composé de cuivre ; les matières solides et liquides seront chauffées jusqu'à siccité, puis désorganisées par le concours des acides sulfurique, nitrique et la chaleur dans une capsule de porcelaine. Cependant, il est préférable de les traiter à chaud par de l'acide nitrique à une température modérée, afin de ne pas former du chlorure de cuivre volatil, comme il s'en produirait par l'action de l'acide sulfurique sur les chlorures alcalins contenus dans ces matières. On obtiendra ainsi la désorganisation complète des tissus et la dissolution du cuivre sous l'état de nitrate cuivrique soluble, qu'on enlèvera au moyen d'eau distillée chaude.

Si l'on a à rechercher le cuivre dans du pain ou d'autres aliments, on peut quelquefois, en les épuisant par de l'eau bouillante arriver à leur enlever le sel cuivrique soluble et à le constater facilement dans cette solution. Si l'on ne réussit pas ainsi, on procédera à leur désorganisation; mais comme ils contiennent du chlorure sodique, il faudra d'abord les arroser avec du sulfate magnésique, et non avec de l'acide sulfurique, pour éviter la formation de chlorure cuivrique et la saccharification de la fécule, puis les dessécher progressivement, afin de chasser le chloride hydrique. Après cela, on y ajoutera le cinquième environ d'acide sulfurique concentré, on chauffera en vase couvert jusqu'à carbonisation, puis on grillera le charbon obtenu et on reprendra les cendres par de l'acide nitrique pour dissoudre le cuivre, et enfin par de l'eau distillée chaude afin d'avoir une dissolution convenable, qu'on filtrera (1). Si l'on y suppose la présence du fer ou du plomb, il faut y verser un excès d'ammoniaque, qui précipitera complétement les oxydes de ces deux métaux, puis la filtrer, l'évaporer à siccité au bain-marie, pour expulser l'ammoniaque, reprendre le résidu par de l'eau acidulée d'acide sulfurique et refiltrer ; on obtiendra de la sorte une liqueur colorée en bleu , qu'on partagera en plusieurs portions et essaiera par les réactifs suivants :

Caractères des Sels cuivriques.

La *potasse* et la *soude* y forment un *précipité bleu*, d'hydroxyde cuivrique, insoluble dans un excès des précipi-

---

(1) Le grillage doit être complet, sans quoi le carbonne retiendrait du cuivre dans ses pores.

tants, mais qui devient alors *brun-noirâtre*, surtout à chaud ;
c'est de l'oxyde cuivrique.

L'*ammoniaque* et son *carbonate* y forment un *précipité
bleu-verdâtre*, soluble dans un excès en donnant une liqueur *bleu d'azur*, de laquelle les alcalis fixes ne repréci-
pitent plus de l'oxyde cuivrique, ce qui est le contraire
pour les sels nicoliques.

Les *carbonates alcalins* y forment un précipité *vert-bleuâtre*,
qui devient noir à l'ébullition.

Le *cyanure ferroso-potassique*, un précipité *brun-marron*,
sensible pour les plus faibles traces de cuivre en dissolution.

Le *sulfide hydrique* et le *sulfhydrate ammonique* y forment
un *précipité noir*, insoluble dans le sulfhydrate ammonique
incolore, surtout dans les sulfures potassique et sodique ;
mais soluble dans le cyanure potassique.

De *l'huile d'olive* agitée avec une liqueur qui contient du
cuivre, prend une *couleur verte*.

Une lame de fer bien polie se recouvre d'un *enduit rouge
de cuivre réduit*. Si la lame de fer a été pesée avant son
immersion, il suffit de la repeser après sa réaction et l'avoir
lavée et desséchée, pour connaître le poids du cuivre ; ce
qui est important dans le cas où la terre du cimetière aurait
été reconnue contenir du cuivre, ou que la victime aurait
été soumise de son vivant à des émanations cuprifères.

Si la liqueur cuivrique est acidulée de chloride hydrique
et mise dans un creuset de platine, on peut en y introduisant
le fil de fer de manière qu'il repose contre le bord supérieur
du creuset, précipiter tout le cuivre au fond de ce dernier.
Selon nous une lame de Magnésium plongée dans une
liqueur cuprifère, additionnée de chlorure ammonique, en
précipite complétement et très-rapidement le cuivre, qu'on
peut doser exactement ensuite ; c'est ce qu'il y a de plus
simple à réaliser.

On peut aussi réduire les sels de cuivre et en précipiter le métal au moyen de diverses petites pilles.

On présentera comme pièces de conviction le précipité de cuivre réduit, celui produit par le cyanure ferroso-potassique et la liqueur cuprico-ammonique de coûleur bleu d'azur.

Plomb.

Les empoisonnements criminels ou suicides produits par le plomb sont très-rares ; ils sont presque toujours accidentels et la conséquence des professions dans lesquelles on travaille ce métal, ou de l'usage qu'on fait de boissons et d'aliments qui ont été assez longtemps en contact avec le plomb ou ses composés.

Ainsi les ouvriers des usines à plomb, à Minium, à Céruse, à couleur et à tapisseries préparées avec cette dernière, sont sujets à l'indisposition spéciale appelée *colique de plomb* ou *saturnine*.

Les personnes qui font fréquemment usage d'eau, de bière, de vin, de vinaigre, de lait, ou d'aliments qui ont séjourné dans des tuyaux ou des vases de plomb, peuvent aussi éprouver des accidents analogues. On rapporte que des boudins, des fromages et des bonbons enveloppés de feuilles de plomb, des casseroles dont l'étamage en contenait beaucoup, des cosmétiques et des peignes de plomb employés pour noircir les cheveux ou la barbe, et des chevrotines qui étaient restées dans du gibier mariné, ont causé des accidents très-graves et parfois même la mort.

Des empoisonnements criminels ont été commis par l'administration d'Acétate plombique ou *extrait de Saturne*, qu'on peut se procurer facilement et en assez forte dose, ou qu'on peut préparer soit-même en faisant bouillir du plomb dans du vinaigre en vase ouvert.

Recherche du plomb. — Le plomb qui a été absorbé peut être éliminé lentement par la bile, la sueur, les urines et les fèces.

Les organes dans lesquels on le rencontre facilement sont le foie, les poumons, les reins, les muscles et même les os,..... a-t-on dit.

On peut en retrouver au bout de plusieurs mois dans le cadavre, mais alors ses composés sont insolubles : cela peut être du chlorure, ou du sulfure, ou du sulfate, ou du phosphate, ou du carbonate de plomb. Par conséquent, on ne peut les séparer des matières organiques qui les renferment en traitant celles-ci par de l'eau bouillante ; on pourra peut-être y arriver en les épuisant par une solution de tartrate potassico-ammonique, ou d'Acétate ammonique basique, ce que l'on constatera ensuite en essayant la liqueur obtenue.

Il est préférable d'attaquer les matières suspectes (les liquides seront évaporés jusqu'en consistance de miel) par de l'acide Nitrique concentré et la chaleur dans une capsule de porcelaine ; l'acide est ajouté peu à peu et jusqu'à ce qu'il y en ait le double du volume de la matière traitée. On agite continuellement et chauffe jusqu'à ce qu'il ne se dégage plus de vapeurs rutilantes (pendant plusieurs heures) et que la masse ait une consistance sirupeuse ; ensuite on l'étend de dix fois son volume d'eau et la filtre.

On peut encore désorganiser les matières organiques *peu consistantes* en les grillant à une température peu élevée et reprenant les cendres par de l'acide Nitrique étendu et filtrant la dissolution. Ou bien, lorsque les matières sont résistantes, les chauffer avec deux parties d'acide sulfurique et une d'acide Nitrique, puis épuiser d'abord le charbon par une solution concentrée et chaude de tartrate potassico-ammonique, ou d'Acétate Ammonique basique, pour lui enlever le sulfate plombique ; ensuite le traiter par de l'acide

Nitrique étendu, pour dissoudre le plomb métallique et avoir une dissolution.

La liqueur obtenue par l'un ou l'autre de ces traitements, est sursaturée de sulfide hydrique, puis abandonnée au repos jusqu'au lendemain; alors on reçoit le précipité de sulfure plombique dans un filtre, on le lave complétement à l'eau bouillante, on le dessèche à l'étuve, puis on le partage en deux portions : l'une est mélangée avec du carbonate sodique sec et chauffée à la flamme réductive sur le charbon, afin d'obtenir un grain de plomb réduit et l'aréole jaune-orangé; l'autre est chauffée dans une capsule de porcelaine avec de l'acide Azotique étendu, de façon à dissoudre le sulfure plombique et non le soufre qui l'accompagne. La dissolution étant la moins acide possible et suffisamment étendue d'eau, est filtrée et partagée en plusieurs portions pour les traiter par les réactifs suivants :

Caractères des Sels plombiques.

La potasse, la soude et l'Ammoniaque y produisent un *précipité blanc,* soluble dans les deux premiers réactifs.

Les carbonates solubles y forment un *précipité blanc,* de carbonate plombique.

Le sulfide hydrique et le sulfhydrate ammonique, un *précipité noir* insoluble.

L'acide sulfurique ou les *sulfates solubles,* un *précipité blanc,* soluble dans le chloride hydrique chaud, et qui *noircit* par le sulfide hydrique.

L'Iodure potassique, un *précité jaune,* soluble à chaud et qui se reprécipite par le refroidissement en *paillettes brillantes.* Si la liqueur contient de l'acide Nitrique libre, on peut n'avoir qu'un précipité d'Iode.

Le Chromate potassique neutre, un *précipité jaune.*

Une lame de zinc ou de Magnésium, un précipité de plomb réduit.

Lorsqu'il s'agira de rechercher le plomb dans un cadavre qui a été inhumé, il faudra également analyser la terre du cimetière, la couleur du cercueil, s'il en a reçue, et toutes les pièces métalliques qu'on en retirera.

Enfin, pour rechercher le plomb dans une eau suspecte, il faut en évaporer de 5 à 10 litres dans une capsule de porcelaine, jusqu'à réduction à 200^{cc}, y ajouter alors de l'acide Nitrique et continuer l'évaporation jusqu'à siccité; reprendre ensuite le résidu par de l'eau chaude, filtrer la solution pour en séparer la silice, puis y rechercher le plomb au moyen des réactifs que nous avons indiqués.

Tels sont les traitements et les réactions qui permettront de caractériser le plomb.

On présentera comme *pièces de conviction* le plomb réduit et le sulfate plombique noirci.

Zinc.

Le zinc et ses composés insolubles ne sont pas toxiques ; mais lorsqu'ils sont introduits dans l'estomac, ils se dissolvent dans les acides du suc gastrique, et alors ils deviennent vénéneux, parce que tous les sels solubles du zinc le sont, notamment le sulfate, l'Acétate et le Chlorure ; ce dernier agit, en outre, comme un corrosif énergique.

C'est pourquoi l'emploi des vases et ustensiles de zinc dans l'économie domestique est proscrit par l'hygiène : le lait, la bière, le vin et la plupart des légumes verts renferment des acides qui, en présence de l'air et surtout à chaud, attaquent et dissolvent le zinc, lequel est très-souvent arsénifère. C'est à cet usage fautif qu'il faut attribuer les commencements d'empoisonnements accidentels qui se produisent encore trop souvent.

Le chlorure et le sulfate zinciques ont été employés cependant quelquefois pour produire des empoisonnements criminels et des suicides; mais les accidents occasionnés par le sulfate sont plutôt dus à des méprises : ainsi, il a été délivré plusieurs fois par des pharmaciens pour du sulfate sodique ou magnésique; d'autre part, des boulangers en ajoutent à la pâte, dans le même but que d'autres ajoutent du sulfate de cuivre, et sans l'intention de nuire à la santé des clients.

On a encore employé l'oxyde zincique ou blanc de zinc à la confection d'objets en caoutchouc pour les durcir, notamment pour faire des biberons et aussi pour fabriquer des cols de papier; mais on n'a pas tardé à constater les inconvénients de cette addition, particulièrement dans les cols, lesquels occasionnaient des éruptions cutanées à ceux qui les portaient.

Recherche du zinc.

Les sels solubles de zinc administrés à haute dose, agissant comme vomitifs et purgatifs, peuvent être expulsés du corps, pour la plus grande partie, par les vomissements et les selles. On devra donc recueillir ces produits et les analyser pour y rechercher la nature du sel de zinc. A cet effet, on pourra les épuiser d'abord par de l'eau froide ammoniacalisée, filtrer les liquides à la toile mouillée, ensuite au filtre de papier préalablement mouillé aussi, pour éviter les corps gras et de manière à obtenir une liqueur claire et incolore. De la sorte, on aura dissous le sel zincique et non le fer, le plomb, l'antimoine, le bismuth, etc. On sursaturera la plus grande partie de cette dissolution par du sulfide hydrique et on l'abandonnera à un repos suffisant en vase couvert, jusqu'à son éclaircissement complet ; alors on la filtrera et recevra dans un filtre le précipité de sulfure zincique, qui sera blanc s'il n'est accompagné d'aucun autre coloré; mais il est ordinairement grisâtre, par suite de la présence d'une petite quantité de sulfure de fer. Après un lavage suffisant avec de l'eau bouillie additionnée de sulfide hydrique (pour éviter la sulfatisation), on le redissoudra par de l'eau régale et la chaleur, afin de peroxyder le fer, puis on étendra d'eau la dissolution, on la filtrera et la traitera par un excès d'ammoniaque, qui précipitera tout l'oxyde ferrique et redissoudra le zincique, que l'on pourra constater ensuite par les réactifs que nous indiquons plus loin.

Ce moyen le plus simple, n'est pas toujours suffisant; d'où il suit que, s'il n'a pas permis de constater la présence du zinc, les mêmes matières, ou d'autres portions si l'on en a, seront désorganisées préalablement et comme nous l'indiquerons.

Quant à la portion de la liqueur ammoniacale qui n'a pas reçu du sulfide hydrique, on la traitera par les réactifs propres à faire reconnaître la nature du constituant électro-négatif; tel que l'acide sulfurique, ou le chlore, ou l'acide acétique, etc.

Pour la recherche complète du zinc, on opérera, en outre, sur l'urine, les reins, le foie, la bile, la rate et le tube digestif, en commençant par les désorganiser.

Destruction des matières organiques. — D'après nous, le mieux est de procéder à cette opération absolument comme pour la recherche de l'Arsenic. Le charbon obtenu, ayant été traité par de l'acide nitrique, dans le but d'oxyder et de dissoudre le zinc, sera épuisé par de l'eau distillée chaude, acidulée d'acide sulfurique et la liqueur filtrée; ensuite celle-ci sera sursaturée par un courant de sulfide hydrique et abandonnée au repos à une douce chaleur, en vase clos.

Lorsqu'elle sera éclaircie, on la refiltrera pour en séparer le précipité formé (toujours un peu de soufre), qu'on lavera à l'eau bouillie puis on la fera bouillir pour en expulser le sulfide hydrique, et on la filtrera de nouveau pour en séparer les dernières traces de soufre provenant de l'excès de sulfide hydrique. Alors on la partagera en deux portions égales : l'une sera additionnée d'acide acétique, puis sursaturée de sulfide hydrique qui cette fois précipitera tout le zinc et rien d'autre, à l'état de sulfure zincique blanc, ce qui est déjà un excellent caractère distinctif. Ce précipité sera recueilli, lavé à l'eau bouillie et conservé avec un peu d'eau dans un petit tube de verre, pour être présenté comme *pièce de conviction*. — L'autre portion de la dissolution *parfaitement neutre*, sera partagée à son tour en plusieurs petites portions, qui seront respectivement traitées par les réactifs suivants :

Caractères des Sels de zinc.

La *potasse*, la *soude* et l'*ammoniaque* y produiront un précipité *blanc*, d'*hydroxyde zincique*, soluble dans un excès de chaque précipitant.

Les carbonates de ces trois bases y produiront un précipité *blanc*, de *carbonate zincique*, seulement soluble *dans le carbonate ammonique*, ce qui est caractéristique aussi.

Le *cyanure ferroso-potassique*, un précipité *tout-à-fait* blanc quand il est déposé, ou quand on a décanté le liquide surnageant ; il est insoluble dans les acides étendus.

Le *cyanure ferrico-potassique*, un précipité *jaune orangé*.

Le *sulfide hydrique* et le *sulfhydrate ammonique* y produiront le précipité *blanc caractéristique* indiqué précédemment.

Enfin, de l'oxyde zincique bien sec, mêlé avec la soude et chauffé sur le charbon, y répandra une vive lumière et laisera une *aréole jaune à chaud* et *blanche à froid*, d'oxyde zincique.

Pour rechercher la présence du zinc dans le caoutchouc, *Dragendorff* recommande de faire fondre de l'azotate potassique dans un creuset de porcelaine, puis d'y ajouter par petites portions successives le caoutchouc suspect finement divisé ; de reprendre le résidu de la déflagration par de l'eau acidulée d'acide sulfurique , d'évaporer à siccité, puis de reprendre par de l'eau et filtrer. D'additionner cette dissolution d'acétate sodique, et d'en précipiter le zinc par le sulfide hydrique ou par le sulfhydrate ammonique.

Si le sulfure précipité est noir, c'est qu'il contient probablement du sulfure plombique, qu'on lui enlèvera, après un lavage suffisant, par la reprise au moyen d'acide sulfurique étendu et la chaleur : le plomb sera transformé en sulfate plombique blanc, insoluble, tandis que le zinc sera devenu sulfate zincique soluble, et on les séparera par la filtration.

Deux autres cas peuvent encore se présenter : ou bien le cadavre a été inhumé pendant longtemps, ou bien il a été embaumé. Dans le premier cas, il faudra commencer les recherches par celle du zinc dans la terre du cimetière, et dans le second, on devra demander des renseignements précis et ne se prononcer qu'à bon escient, c'est-à-dire avec une connaissance complète de tout ce qui concerne cette mission.

Comme *pièces de conviction*, on présentera *le charbon avec l'aréole blanche*, le *précipité blanc de sulfure zincique*, et un peu d'*oxide zincique blanc*, enfermé dans un petit tube, afin de pouvoir montrer à qui de droit qu'il devient jaune lorsqu'on le chauffe.

Argent.

Les empoisonnements criminels causés par les sels d'argent sont peu nombreux, bien qu'on en ait constaté, par la raison que les sels solubles de ce métal ont une saveur tellement forte et styptique, qu'immédiatement après la première impression ressentie, la victime refuse d'en avaler encore. Si donc la dose ingérée est insuffisante pour donner la mort, le crime ne se consommera pas.

Mais des suicides ont été produits par l'ingestion rapide d'une dose assez forte de nitrate d'argent, comme aussi des empoisonnements accidentels ont été occasionnés par des fragments de crayon de pierre infernale tombés dans le tube digestif, et d'autres par les préparations argentiques employées dans la photographie : assez fréquemment les photographes portent à la bouche leurs doigts imprégnés de sels d'argent et ne tardent pas à en ressentir les mauvais effets. On cite aussi des accidents survenus à la suite de l'usage trop fréquent du nitrate d'argent comme cosmétique pour noircir les cheveux et la barbe ; mais ces accidents sont loin de se terminer par la mort des personnes qui ont la funeste habitude de vouloir se rajeunir au détriment de leur santé et de leur raison.

Recherche de l'argent. — Par suite de la présence du chlorure sodique dans l'estomac, le sang et tous les tissus, le sel soluble d'Argent ingéré, ne tarde pas à se transformer en chlorure insoluble ; une petite quantité peut cependant être transformée en chlorure double soluble, et pénètre ainsi dans le sang ; mais quoique cela, on ne doit pas compter pouvoir retrouver ce toxique sous une forme soluble ; il s'en élimine aussi sous l'état de sulfure argentique par les fèces, qui sont alors colorées en noir.

Lorsque l'on procèdera à la recherche de l'argent dans des matières animales suspectes, on commencera par les examiner attentivement, et si elles ont reçu le contact du nitrate d'argent, elles seront noircies et la peau sera desséchée, comme parcheminée.

Les taches observées sur les étoffes, notamment sur le linge, sont noires et raides parce qu'elles sont formées presque d'argent réduit, et ne disparaissent que par une solution chaude de cyanure potassique ou d'hyposulfite sodique. Les taches produites par l'encre à écrire sont, au contraire, souples, se dissolvent dans les acides et disparaissent par le sel d'oseille aidé de l'étain lorsqu'elles sont vieilles ; celles d'encre d'imprimerie peuvent être enlevées par frottement avec de l'ouate huilée.

On doit donc râcler ces taches, ou les couper hors des étoffes et les incinérer pour en retirer l'argent métallique ; on agira de même avec les cheveux et les poils noircis, et l'on reprendra les cendres par de l'acide nitrique à chaud, afin d'obtenir une dissolution d'azotate argentique. S'il y a du chlorure d'argent, il restera indissous et on devra le réduire comme nous l'indiquons plus loin.

Les matières animales solides, dont l'acidité aura été neutralisée par de l'ammoniaque, pourront être épuisées par digestion dans une solution de cyanure potassique, qui dissoudra le composé argentique. Après filtration, on y versera du chloride hydrique jusqu'à réaction acide et tout l'argent sera précipité à l'état de chlorure. Ou bien encore, on délaiera ces matières dans de l'eau, puis on neutralisera l'acidité par de l'ammoniaque, si elles ont la réaction acide, on y ajoutera de l'hyposulfite sodique, fera bouillir, et on parviendra également à dissoudre le chlorure argentique. Après filtration de la liqueur, on la saturera de sulfide hydrique à chaud, afin de précipiter tout l'argent à l'état de sulfure. Celui-ci ayant été bien lavé à l'eau bouillante sera redissous par de l'acide nitrique étendu et la liqueur sera filtrée ; on obtiendra ainsi une dissolution qui permettra de reconnaître l'argent au moyen des réactifs. Mais le plus certain est de désorganiser les matières suspectes par de l'acide sulfurique et la chaleur, puis de griller le charbon et de reprendre les cendres par de l'acide nitrique, afin d'obtenir une dissolution de nitrate argentique.

Cependant, comme il peut se faire que du chlorure d'argent ou un autre composé d'argent ne se dissolve pas par ce traitement, on pourra encore opérer de l'une ou l'autre des façons suivantes :

Le chlorure argentique bien lavé sera délayé dans de l'eau, dans laquelle on plongera une lame de zinc ou mieux de magnésium, et on y versera un peu d'acide sulfurique : le chlorure argentique sera réduit et l'argent précipité à l'état de pureté; on le recueillera, le lavera suffisamment, puis on le dissoudra dans de l'acide nitrique. Ou bien enfin, les matières seront desséchées complétement et incinérées, puis les cendres seront mêlées avec du carbonate sodique et un peu de cyanure potassique sec, et le mélange chauffé progressivement dans un creuset de porcelaine. Après cessation de réaction et refroidissement, on enlèvera la matière du creuset, on la traitera par de l'eau chaude et on en retirera un bouton d'argent réduit, qu'on pourra dissoudre dans l'acide nitrique ou garder comme *pièce de conviction*.

Les traitements que nous avons fait connaître fourniront de l'argent pur ou du sulfure d'Argent, qu'on dissoudra ensuite dans l'acide Nitrique pour avoir une dissolution propre à faire les réactions caractéristiques suivantes.

Caractères des sels d'argent.

La *potasse* et la *soude* y produiront un précipité *brun-olivâtre* d'oxyde Argentique insoluble.

L'*Ammoniaque* versée peu à peu y produira *un semblable précipité*, mais *très-soluble dans un excès*.

Les carbonates alcalins, un précipité *blanc, soluble dans le carbonate ammonique*.

L'acide chlorhydrique et les chlorures, un précipité *blanc, insoluble dans les acides, soluble dans l'ammoniaque, le cyanure potassique et l'hyposulfite sodique*.

Le *cyanide hydrique* et les *cyanures solubles*, excepté celui de mercure, y forment un *précipité blanc*, soluble et décomposable dans l'acide Nitrique à chaud.

L'Iodide hydrique, *un précipité jaunâtre*, insoluble dans l'ammoniaque, *soluble dans un excès d'iodure potassique*.

Le sulfide hydrique et le *sulfhydrate ammonique*, *un préci-pité noir*.

L'Acétate Ammonique, *un précipité blanc d'acétate d'ar-gent*, qui devient cristallin lorsqu'on agite vivement.

Le *chromate potassique neutre*, *un précipité rouge*, d'un aspect velouté.

Tous les métaux usuels et surtout le Magnésium, préci-pitent de l'argent réduit.

On présentera comme *pièces de conviction* le chlorure d'argent noirci, l'iodure d'argent, le chromate et l'argent réduit.

Etain.

L'étain *pur* est un métal inoffensif, et c'est pourquoi on l'emploie pour fabriquer la vaisselle des ouvriers, étamer les tôles, émailler les casseroles et d'autres ustensiles cu-linaires, les bassines, les chaudières d'évaporation, etc. Mais comme il contient souvent de l'arsenic, du plomb et quelquefois du cuivre, il est alors plus facilement attaqué par les liquides acides, tels que bière, vin, vinaigre, lait chaud et l'oseille, qui acquièrent dans ce cas des propriétés toxiques (1).

En outre, l'étain qui est dissous, agit aussi comme toxique, vu que l'on a constaté que ses composés solubles déterminent des coliques et la diarrhée; les deux chlo-rures sont caustiques et vénéneux. Le chlorure stanneux a

---

(1) Quand l'étain contient du plomb, il est attaqué par l'acide acétique à froid au contact de l'air, et par le vinaigre de ménage à chaud, qui en dissout le plomb.

été administré pour combattre les effets du sublimé corrosif, qui est alors transformé en calomel. Quoi qu'il en soit, l'étain et ses composés n'ont pas été souvent employés pour produire des empoisonnements criminels, et ceux qu'ils ont occasionnés proviennent d'accidents ou de méprises : ainsi, on cite des commencements d'empoisonnements dus à la substitution involontaire du sel d'étain (chlorure stanneux) au sel de cuisine ordinaire pour assaisonner de la soupe, des légumes et saler du beurre.

Recherche de l'étain. — On opérera sur l'estomac, les intestins, le foie, la rate, les urines et les fèces : on les examinera d'abord, puis on les épuisera par de petites quantités d'eau, afin d'enlever le chlorure stanneux (il ne peut y avoir que celui-là, attendu que le chlorure stannique, s'il avait été ingéré, serait devenu chlorure stanneux) sans le décomposer, et cette liqueur filtrée, sera soumise à l'action des réactifs que nous indiquons plus loin.

Ou bien encore, en soumettant ces matières suspectes, suffisamment délayées, à la distillation dans une cornue de verre munie d'un récipient, on obtiendra au bout d'un certain temps, un liquide dans lequel on pourra constater le chlorure stanneux.

Mais le moyen le plus sûr consiste à sursaturer de sulfide hydrique ces matières délayées et à les abandonner au repos à une douce chaleur; en les filtrant ensuite on obtiendra un précipité de sulfure stanneux, qu'on redissoudra par du chloride hydrique d'abord et puis par de l'eau, et on filtrera la dissolution pour y constater l'étain. Dans le liquide séparé du précipité de sulfure d'étain, on recherchera la présence de l'acide chlorhydrique.

Une autre partie de ces matières sera d'abord desséchée dans une capsule de porcelaine, puis grillée complétement; ensuite les cendres seront traitées par de l'eau régale, riche en chloridde hydrique, afin de dissoudre tout l'oxyde stannique formé, ainsi que l'arsenic, l'antimoine, le plomb et le cuivre qui pourraient s'y trouver. Après la reprise par l'eau et la filtration, on sursaturera cette liqueur par du sulfide hydrique, qui précipitera tous les corps que nous venons de citer à l'état de sulfures (celui d'arsenic ne se déposera qu'à la longue). On décantera le liquide éclairci, on lavera suffisamment le précipité avec de l'eau bouillie, puis on l'épuisera du sulfide arsénique par de l'ammoniaque; ensuite on le traitera par du sulfure sodique pour lui enlever les sulfures stannique et antimonique, ce dont on s'apercevra à la couleur noire que prendra le précipité non dissous de sulfure plombique ou cuivrique. Le liquide contenant les deux sulfures cités sera évaporé à siccité avec addition d'eau régale, afin d'obtenir des chlorures stannique et antimonique. Ceux-ci seront étendus d'eau, sans les décomposer, puis filtrés, et on plongera une lame de fer dans leur dissolution pour en précipiter tout l'antimoine, alors que l'étain y restera dissous à l'état de chlorure stanneux et qu'on le séparera par la filtration. Ou aussi, en plongeant une lame de zinc dans la dissolution, l'antimoine en est dégagé à l'état d'antimoniure hydrique et l'étain est précipité. On peut encore séparer l'étain d'avec l'antimoine en grillant les sulfures avec addition d'un peu d'acide nitrique, puis reprenant le produit par de l'acide tartrique, on dissoudra l'oxyde d'antimoine et non le stannique.

Enfin, l'on peut aussi réduire les cendres par un mélange de carbonate sodique et d'un peu de cyanure potassique sec, afin d'obtenir de l'étain réduit et fondu.

Un dernier cas à traiter est celui de la constatation du plomb dans l'émaille des casseroles ou d'autres vases culinaires ; pour cela on pose quelques gouttes d'acide Ntirique ordinaire, sur une partie de l'émaille suspect et l'on chauffe jusqu'à siccité ; s'il y a présence de plomb, il se sera formé du

Nitrate plombique en cet endroit, où l'on déposera une ou deux gouttes de solution d'iodure potassique, qui produiront une coloration jaune, très-appréciable, d'iodure plombique. Si l'émaille est trop dur pour être attaqué par l'acide Nitrique, on le râclera avant d'y déposer l'acide.

Voici quels sont les principaux caractères distinctifs des composés d'étain :

Sels stanneux.	**Sels stanniques.**
La potasse, la soude, l'ammoniaque et *leurs carbonates* y forment des *précipités blancs,* solubles dans les deux premiers précipitants.	De même; les précipités sont stanniques.
Le *chloride turique* , un *précipité violet,* de *pourpre de cassius,*	Agit de même, s'il y a un peu de chlorure stannenx aussi.
Le *Sulfide hydrique* et le *sulfhydrate ammonique,* un précipité *noirâtre,* insoluble dans le sulfhydrate incolore; il s'en dissoudra si le sulfhydrate est coloré ou persulfuré, parce qu'il formera du sulfure stannique, qui y est soluble.	*Précipité jaune clair,* immédiatement soluble dans un excès de sulfhydrate, même incolore.

Le zinc et le Magnésium précipitent l'étain des deux sortes de dissolution ; mais dans les stanniques, l'étain se réoxyde bientôt.

On présentera comme *pièces de conviction,* l'*étain,* le *pourpre de cassius* et le *sulfure stannique.*

Bismuth.

Le Bismuth est aussi un métal réputé inoffensif, et dont les composés n'ont jamais été employés comme poisons ; ce sont des médicaments inconnus du vulgaire et d'un emploi assez restreint, sauf le magistère de bismuth, qui est en outre usité comme blanc de fard.

Dragendorff dit avoir constaté de l'Arsenic, du plomb, du cuivre, de l'Antimoine et de l'Argent dans du sous-Nitrate de Bismuth, de provenance française ; c'est à la présence de ces corps étrangers que l'on attribue généralement la plupart des accidents toxiques, survenus à la suite de l'administration du sous-nitrate de Bismuth, car, lorsqu'il est pur, on peut en supporter de fortes doses sans en éprouver d'inconvénient. Cependant, s'il y a présence d'un acide dans l'estomac, capable de transformer le Nitrate Basique de Bismuth en un sel acide, il peut se produire des effets toxiques, car le citrate de Bismuth ammoniacal, l'Emétique de Bismuth et le Nitrate acide, sont vénéneux. Ce dernier surtout, lorsqu'il est introduit dans le tube digestif, y produit des accidents propres aux poisons corrosifs, et c'est pourquoi, lors de sa recherche, on doit constater la présence des Nitrates. Mais nous ajouterons, comme restriction, que les sels solubles de Bismuth ne constituent pas des médicaments. Quoi qu'il en soit, voici comment on procédera :

Recherche du Bismuth. — On peut opérer comme pour rechercher le plomb.

D'après Mohr, on recherchera le Bismuth dans tous les viscères, le sang, etc., que l'on divisera très-finement, puis qu'on fera bouillir pendant 2 heures environ dans 800 gram. d'eau additionnés de 40 gr. d'acide Nitrique.

Le liquide obtenu étant filtré, sera évaporé à siccité, et le résidu carbonisé ensuite avec de l'acide sulfurique concentré ; le charbon sera bouilli avec parties égales d'acide Nitrique et d'eau, et la dissolution filtrée sera partagée en plusieurs portions, qu'on essaiera par les réactifs suivants :

Caractères des sels Bismuthiques.

Leurs dissolutions neutres sont précipitées en blanc par l'eau ajoutée petit à petit et en excès, excepté le citrate Bismuthique ammoniacal et l'Emétique Bismuthique en solution, qui ne sont pas précipités.

La potasse, la soude et l'ammoniaque y forment un *précipité blanc*, qui jaunit par l'ébullition.

Les *carbonates solubles* y produisent un *précipité blanc*, *d'hydrocarbonate Bismuthique*, et il y a dégagement d'acide carbonique.

Le *sulfide hydrique* et le *sulfhydrate Ammonique*, un précipité noir, insoluble.

L'*Iodure potassique*, un *précipité brun*, insoluble dans l'acide Nitrique étendu.

Le *Bichromate potassique*, un *précipité jaune*, insoluble dans un excès de potasse.

Les métaux, notamment le *zinc* et le *Magnésium*, précipitent le Bismuth réduit sous la forme d'une poudre noire et terne.

On gardera comme pièces de conviction le Bismuth réduit, l'iodure et le chromate.

Il suffira de comparer ces réactions avec celles que produisent les dissolutions des corps qui peuvent accompagner le Bismuth, et que nous avons cités, pour en saisir la différence et trouver les moyens de les en séparer.

La méthode générale d'analyse que nous avons décrite page 35, permettant de séparer et de reconnaître ensuite les toxiques dont nous nous sommes occupés jusqu'ici, nous croyons utile de présenter, en résumé, la marche à suivre pour l'exécuter.

Marche à suivre pour séparer les toxiques minéraux.

Les toxiques minéraux dont nous nous sommes occupé sont, à part le Phosphore : l'Arsenic, l'Antimoine, le Mercure, le cuivre, le Plomb, le Zinc, l'Argent, l'Etain et le Bismuth.

Dans la supposition où l'expert chimiste ne possède aucun renseignement sur la nature du poison, il doit, avons-nous dit, suivre une méthode qui lui permette de les retrouver tous; voyons comment il devra y procéder :

La matière suspecte ayant été désorganisée convenablement, ou traitée par de l'eau acidulée, fournit une dissolution claire ; voilà où il faut en venir. Le charbon obtenu, ainsi que la dissolution, renfermant de l'Antimoine et de l'Etain (puisque nous les y supposons tous, excepté le Phosphore),on commence par les séparer des autres en reprenant le charbon par de l'acide Nitrique concentré, ou en évaporant à siccité la dissolution et traitant également son résidu par de l'acide Nitrique ; l'épuisement ultérieur de ces produits par de l'eau laissera les oxydes Antimonique et Stannique indissous, tandis que les autres seront en dissolution.

Oxydes Antimonique et Stannique : La partie indissoute sera traitée par de l'acide Tartrique, qui dissoudra l'oxyde d'antimoine et non celui d'étain, qu'on dissoudra ensuite par de l'eau régale ou de la potasse caustique. Ou bien encore, en employant l'eau régale, qui les dissoudra tous les deux, puis on les séparera soit par une lame de fer, soit en transformant l'Antimoine en Antimoniure hydrique.

La dissolution Nitrique des autres corps sera évaporée à siccité, si elle est trop acide, et le produit repris par de l'acide chlorhydrique et une grande quantité d'eau bouillante, afin que le plomb se dissolve : on a ainsi précipité tout l'Argent à l'état de chlorure, qu'on filtre. La liqueur claire, un peu acide et chaude, est sursaturée de sulfide hydrique et abandonnée au repos pendant 24 à 36 heures, afin de permettre au sulfide Arsénieux de se précipiter complétement en même temps que ceux de cuivre, de mercure, de plomb et de Bismuth. On filtre alors, et pendant qu'on lave à l'eau chaude le précipité, on évapore à siccité la liqueur contenant le zinc et du sulfide hydrique, afin de décomposer ce dernier ; arrivé à ce point, on reprend le résidu par de l'eau acidulée de chloride hydrique, on filtre pour séparer le soufre, et, de la liqueur claire, on précipite tout le zinc à chaud au moyen du carbonate sodique.

Le quintuple précipité étant suffisamment lavé, est traité dans le filtre par de l'ammoniaque, qui lui enlève le sulfure d'Arsenic ; ensuite on y verse (toujours dans le filtre) de l'acide Nitrique étendu d'eau chaude et qu'on fait passer à plusieurs reprises, afin de tout dissoudre, excepté le soufre; on fait bouillir cette dissolution, qui se trouble encore par le soufre devenu libre, on la laisse refroidir et on la filtre. Si on y verse de l'acide sulfurique étendu de huit fois son volume d'eau, puis un peu d'alcool, on obtient au bout d'un certain temps tout le plomb précipité à l'état de sulfate, qu'on filtre. Restent encore le cuivre, le Mercure et le Bismuth : on peut commencer par précipiter celui-ci à l'état d'oxydo-chlorure bismuthique basique (après avoir enlevé l'acide sulfurique s'il y en a trop), en y versant peu à peu de l'eau jusqu'à cessation de précipitation ; ou bien commencer par précipiter le mercure au moyen de l'acide *Phosphatique*, qui produit du chlorure mercureux (quand, bien entendu, il y a de l'acide chlorhydrique dans la liqueur), puis le bismuth, comme nous venons de l'indiquer, et enfin le cuivre par un excès de potasse caustique.

Il y a encore d'autres marches à suivre pour arriver au

même résultat; mais celle-ci est facile à comprendre et à exécuter.

Passons actuellement à la recherche des acides minéraux corrosifs.

Acide sulfurique.

Les empoisonnements criminels produits par l'acide sulfurique ou huile de vitriol, sont très-rares, par la raison que la saveur brûlante et la douleur instantanée qu'il fait éprouver, le font refuser opiniâtrement de la victime ; ils sont encore plus rares actuellement, parce que d'autres poisons, aussi faciles à se procurer, sont en outre plus faciles à faire avaler. Des empoisonnements accidentels ont encore lieu quelquefois par cet acide, qu'on avale précipitamment, croyant boire du genièvre, et des suicides ont été consommés à l'aide de la liqueur bleue de sulfate d'indigo, ainsi qu'avec le bleu d'indigo solide des blanchisseuses : ils agissent comme corrosifs.

Quatre à six grammes d'acide sulfurique peuvent produire la mort dans certaines circonstances, et 15 grammes la produisent infailliblement, si l'on n'est pas secouru, et en causant d'atroces douleurs. Cet acide agit en corrodant et désorganisant les tissus, qu'il colore en noir et charbonne : il leur enlève de l'hydrogène et de l'oxygène pour former de l'eau et met ainsi leur carbone à nu.

Signes qu'on peut observer : Une cautérisation profonde sur les lèvres, la langue et toute la cavité buccale, ainsi que dans l'œsophage et l'estomac. Le sang est rendu plus épais par suite de la coagulation de l'albumine ; il est de couleur rouge cerise et a la réaction acide ; en un mot, l'acide sulfurique laisse de ses traces sur tout son parcours. Assez fréquemment il est rejeté de l'économie par des vomissements qui le contiennent encore à l'état d'acide libre, car celui qui reste dans l'intérieur se transforme en divers sulfates, surtout sous l'influence de la craie ou de la magnésie, qu'on administre comme antidote.

Quant aux tissus et vêtements de couleur foncée, les taches qu'ils portent sont rouges, excepté celles des tissus teints en bleu par l'indigo ou par le bleu de Prusse ; mais tous sont désorganisés dans ces parties, qui se trouent sous le moindre effort.

Recherche de l'acide sulfurique. — L'acide sulfurique ingéré ne tardant pas à se neutraliser et à se décomposer pour la plus grande partie en corrodant les tissus, il s'en suit que sa recherche chimique est délicate, vu, qu'en outre, il existe des sulfates dans l'économie. C'est pourquoi il importe de le constater par les lésions cadavériques et les effets visibles qu'il a produits sur les vêtements, les linges, etc. ; à cet effet, voici comment on doit le rechercher après avoir bien examiné les pièces suspectes :

On prend les liquides de l'intérieur et les vomissements, et on constate s'ils ont la réaction acide au moyen du papier bleu de tournesol et d'un bicarbonate alcalin. Ensuite on les étend d'eau, on filtre et on recherche l'acide sulfurique libre dans ce liquide clair, de la manière suivante : on en verse un peu sur le fond d'une capsule ou d'une soucoupe de porcelaine, on pose au centre un morceau de sucre blanc bien sec et on chauffe à moins de 100° au bain-marie : s'il y a de l'acide sulfurique libre, il colorera le sucre en vert, ou en brun, ou en noir, selon la quantité. A défaut de sucre de canne, on peut se servir d'un tissu blanc et fin, qui sera noirci également. C'est pourquoi le liquide suspect, évaporé seul, peut laisser un résidu noir, par suite de la présence d'une substance organique y contenue.

Les taches des vêtements et des autres tissus seront découpées et bouillies dans de l'eau, qui sera examinée de la même façon après filtration. Si l'on a constaté cet effet, on continue la recherche de l'acide sulfurique en saturant d'abord ces liquides au moyen de carbonate sodique, qui donnera un dégagement d'acide carbonique et du sulfate sodique en solution ; celle-ci, additionnée de chloride hydrique en quantité suffisante pour décomposer l'excès de carbonate sodique et la rendre acide, sera ensuite très-étendue d'eau et essayée par le chlorure Barytique, qui, s'il y a présence d'un sulfate, produira un précipité blanc de sulfate Barytique.

Quant aux matières animales suspectes, elles seront saturées par de la potasse caustique et desséchées complétement, ensuite additionnées de nitrate potassique et incinérées, afin d'obtenir du sulfate potassique, qu'on dissoudra par de l'eau distillée après le refroidissement. On filtrera la liqueur et, après l'avoir acidulée d'un peu de chloride hydrique, on y versera également du chlorure Barytique : s'il s'y forme un précipité blanc, insoluble dans l'eau et les acides, c'est du sulfate Barytique. Pour en acquérir la preuve évidente, on desséchera tous ces précipités barytiques blancs, on les mêlera avec du charbon pur et on calcinera ce mélange au rouge ; de la sorte, on obtiendra du sulfure barytique, qui, délayé dans de l'eau et additionné de chloride hydrique, dégagera du sulfide hydrique, reconnaissable à son odeur et à ce qu'il noircira une pièce d'Argent ou une solution plombique.

On n'aura pas de doute sur la présence d'un sulfate ; mais est-ce un sulfate existant normalement dans l'économie ou un sulfate produit par de l'acide sulfurique ingéré? Si l'on a constaté des lésions anatomo-pathologiques, la réaction acide des viscères et l'action du chlorure Barytique dans les liquides obtenus pendant ces recherches, on peut affirmer que l'acide sulfurique constaté a été ingéré à l'état libre et qu'il a agi comme un agent corrosif.

D'après Tardieu et Roussin, il est préférable de neutraliser complétement le liquide acide qui a servi à épuiser les matières suspectes, par de l'hydrate de quinine préparé exprès et parfaitement pur, on obtient du sulfate de quinine qu'on évapore presque à siccité au bain-marie, qu'on reprend par de l'alcool absolu pour les séparer des autres matières, surtout des sulfates minéraux et qu'on filtre. On l'évapore de nouveau à siccité, on reprend ce résidu par de l'eau bouillante, on filtre rapidement, et par le refroidissement on peut obtenir des aiguilles soyeuses de sulfate de quinine qu'on constatera définitivement par le chlorure Barytique.

On devra faire attention à la présence d'une grande quantité de craie, ou de Magnésie donnée comme antidote : la première aura formé du sulfate calcique insoluble, qui sera accompagné de l'excès de craie, la seconde aura donné lieu à du sulfate Magnésique soluble, qui sera dans la solution aqueuse ou dans les excréments puisqu'il est purgatif; on trouvera peut-être aussi un excès de Magnésie. Or, si l'on a administré un antidote, c'est qu'il y a eu tentative d'empoisonnement, et celui qui a prescrit le remède pourra fournir les renseignements les plus précis.

La liqueur bleue de sulfate d'indigo étant ingérée, colore en bleu tout ce qui est sur son passage et même les fèces : pour la constater, on traite les matières ainsi colorées : 1° par un peu d'acide Nitrique à chaud, et elles prennent uue coloration *jaune-rougeâtre* due à la formation d'une certaine quantité d'*Isatine*; ou 2° par du Glucose ou de la chaux à une douce chaleur, et la couleur bleue de l'indigo disparaît; 3° ou enfin, par de la potasse et du Nitre, comme nous l'avons dit, afin d'obtenir une solution de sulfate potassique qui, acidulée, précipitera en blanc par le chlorure Barytique. — On ne peut y reconnaître la présence de l'acide sulfurique au moyen de ce réactif, qu'après avoir détruit l'indigo.

Acide Nitrique.

Bien que l'acide nitrique soit fréquemment employé dans les arts et dans l'industrie, sous le nom d'*eau forte*, les empoisonnements auxquels il donne lieu sont, actuellement, encore plus rares que ceux produits par l'acide sulfurique, et sont accidentels ou suicides. Il attaque aussi fortement les tissus épidermiques, les corrode en les colorant en jaune plus ou moins foncé, et marque ainsi sa présence, que l'on doit attribuer, avec raison, à une cause étrangère, vu qu'il n'existe pas d'Azotate dans notre organisme. Il colore de la même façon les matières vomies et les vêtements.

Recherche de l'Acide Nitrique. — Après avoir bien examiné toutes les pièces suspectes et constaté qu'elles ont la réaction acide, on tâchera d'y découvrir des taches semblables à celles indiquées plus haut ; ensuite on s'assurera si elles sont dues à l'action de l'acide nitrique, en y déposant une goutte d'une solution de potasse, ou de soude ou d'ammoniaque caustiques ou de l'alcool qui, dans l'affirmative ne les fera pas disparaître, parce qu'elles sont formées d'acide *Xanthoprotéique*, lequel produira un sel alcalin *jaune*. Si on les humecte avec une solution mixte de potasse et de cyanure potassique, elles deviennent plus foncées, d'un *jaune orangé*, comme celles de l'acide picrique.

Pour découvrir l'acide Nitrique, on neutralise les matières par du carbonate de potasse (la potasse caustique agirait sur les matières organiques), ou par du carbonate de chaux pur, et on chauffe jusqu'à siccité, afin d'expulser l'ammoniaque existante ou qui pourrait se former. Alors on reprend la masse par de l'eau tiède et on filtre d'abord à la toile mouillée, ensuite au papier mouillé de façon à laisser les corps gras indissous. Si l'on a fait usage de carbonate de chaux on peut traiter la masse solide par de l'alcool à 90°, qui dissoudra le nitrate calcique et des corps gras aussi,

BIBLIOTHÈQUE NATIONALE R.F. IMPRIMÉS

mais qui en laissera d'autres indissóus (on devra savoir quelle de ces deux manières de faire sera la préférable). La dissolution aqueuse obtenue sera traitée par une solution de carbonate potassique pour la transformer en Azotate potassique qui, filtré, sera partagé en plusieurs portions pour les traiter par divers réactifs; mais si elle est colorée ou trouble, il faut l'évaporer à siccité, redissoudre le résidu dans de l'eau froide et filtrer la solution.

On peut aussi saturer les liqueurs à réaction acide par de l'hydrate de quinine récent, qui forme de l'Azotate de quinine soluble dans l'alcool absolu et qu'on évapore presque à siccité au bain-marie; le reprendre ensuite par de l'eau, filtrer et transformer cet azotate de quinine en Azotate potassique en y versant délicatement de la potasse caustique faible de manière à précipiter toute la quinine. Après filtration on obtient, comme dans le cas précédent, une solution qu'on traitera de la manière suivante pour y constater l'acide Nitrique.

Une portion additionnée d'un excès d'acide sulfurique concentré puis de grenaille de cuivre, doit attaquer celui-ci avec émission de *vapeurs rutilantes et coloration bleue verte de la liqueur.*

Une deuxième portion, acidulée d'un volume égal au sien d'acide sulfurique concentré et abandonnée quelque temps pour qu'elle refroidisse, sera versée dans une petite capsule de porcelaine au centre de laquelle on posera un fragment de sulfate bien ferreux : si elle contient de l'acide Nitrique, celui-ci attaquera le sel ferreux et le colorera en brun foncé.

A défaut de sulfate ferreux solide, on peut en employer du dissous et un tube d'essai ; en y versant les liquides l'un après l'autre et assez délicatement pour ne pas les mélanger, on constatera un anneau coloré en brun au point de contact.

Une troisième portion sera additionnée d'un millième de Brucine ou de sulfate d'Aniline, puis d'acide sulfurique concentré, qu'on introduira au fond du tube d'essai au moyen d'une pipette effilée : on y apercevra aussitôt une coloration *rose-rouge*.

Une quatrième portion additionnée d'acide chlorhydrique, puis d'or en feuille, se colorera en jaune au bout de quelque temps, par suite de la formation de chloride Aurique.

On peut encore décolorer le sulfate bleu d'indigo, ou bien projeter de l'Azotate solide sur un charbon ardent; mais les autres réactions sont préférables, parce que ces deux dernières peuvent être produites avec les chlorates et les chlorites.

Comme *pièces de conviction*, on présentera un peu du Nitrate potassique solide obtenu ; la dissolution du chloride aurique avec l'excès de la feuille d'or ; la réaction du cuivre et celle de la brucine; mais celle-ci se modifie au bout de quelque temps.

Acide chlorhydrique.

Les empoisonnements criminels par l'acide chlorhydrique ou esprit de sel sont extrêmement rares, parce que les vapeurs et l'odeur qu'ils dégagent, éveillent les soupçons des personnes auxquelles on veut le faire avaler. Les empoisonnements suicides ne sont plus aussi fréquents qu'autrefois, et les accidentels sont dus aux émanations des usines ou à des méprises.

L'acide chlorhydrique concentré est un puissant corrosif: il colore en *gris* presque *noir* les tissus organiques animaux, et en *rouge* ceux de la plupart des vêtements ; cependant les taches rouges disparaissent plus facilement par l'ammoniaque que celles produites par l'acide sulfurique, et les tissus sont aussi moins fortement corrodés.

Recherche de l'acide chlorhydrique. Comme il se forme normalement de l'acide chlorhydrique dans l'estomac, et qu'il y existe toujours du chlorure sodique, ainsi que dans tous nos tissus et dans tous les aliments, tant solides que liquides que nous ingérons, il faut user de beaucoup de circonspection dans cette recherche, et surtout avant de conclure.

Pour le rechercher, on examinera attentivement les viscères, afin d'y constater les eschares noirâtres et caractéristiques, et s'ils ont la réaction acide ; cette dernière constatation sera faite aussi sur les liquides, les vomissements, au moyen d'un papier bleu de tournesol et d'une baguette de verre humectée d'ammoniaque.

Ensuite on les étendra d'eau, si la masse est trop consistante, on les introduira dans un appareil distillatoire en verre, que l'on chauffera au bain d'huile à 120°, et recevra les vapeurs dans un peu d'eau distillée refroidie. Si les matières traitées contenaient du chloride hydrique, on en obtiendra infailliblement dans le récipient; mais est-ce celui qui existait normalement, ou qui s'est formé par l'action des acides de l'estomac sur le chlorure sodique y contenu, ou bien celui qui y a été introduit d'une façon anomale? En outre, il passera aussi du chlorure sodique ou ammonique et des produits organiques à la distillation. Ce procédé ne peut donc résoudre ces questions, et voici comment on peut, d'après Dragendorff, opérer plus précisément pour déterminer simultanément l'acide chlorhydrique libre et les chlorures.

On mélange la matière suspecte et pesée avec un excès de Nitre et de potasse caustique purs, puis on évapore à siccité et on calcine. Le résidu est ensuite acidulé par de l'acide Nitrique, repris par de l'eau bouillante, et la dissolution filtrée est précipitée complétement par de l'Azotate argentique ; de la sorte on écarte les matières organiques.

Le chlorure argentique, suffisamment lavé et desséché,

est pesé, et son poids, étant comparé à celui que donnent les matières organiques normales, aidera à conclure lorsqu'il y aura une différence sensible.

Selon M. Bouis, il faut filtrer les liquides suspects d'abord à la toile, ensuite au papier préalablement lavé à l'eau acidulée d'acide acétique ; ensuite y introduire une feuille ou une lame d'or, puis quelques fragments de chlorate potassique et chauffer au bain-marie pendant une heure ou deux et même plus si c'est nécessaire ; s'il y avait la moindre trace de chloride hydrique libre dans la matière ainsi traitée, elle aura fourni du chlore libre, qui aura attaqué l'or et produit du chloride aurique, dont la couleur jaune est caractéristique. En y versant ensuite un peu de chlorure stanneux, on y développera une coloration violette, et même un précipité *pourpre de cassius* par la concentration.

Si l'on a pesé la lame d'or avant l'opération et qu'on la repèse après, on pourra calculer la quantité de chloride hydrique libre.

Pour les taches des vêtements, on les coupera hors de ces derniers et on les fera bouillir dans de l'eau distillée pour en enlever tout l'acide chlorhydrique ; mais, d'autre part, on devra aussi traiter par de l'eau bouillante des morceaux de cette étoffe non tachés, afin de voir s'ils céderont les mêmes principes que les autres.

On obtiendra donc, en fin de compte, des liquides qui pourront contenir de l'acide chorhydrique ou du chlorure potassique, et on les examinera de la manière suivante :

Le liquide acide devra rougir le tournesol, avoir l'odeur de l'acide chlorhydrique, produire une effervescence avec les carbonates, et former des fumées blanches au contact de l'ammoniaque, s'il est suffisamment concentré.

La solution de chlorure potassique obtenue et acidulée d'acide Nitrique, sera partagée en deux portions : l'une, très-étendue d'eau, sera traitée par de l'Azotate Argentique, qui y formera un précipité blanc, insoluble dans les acides et soluble dans l'ammoniaque ; l'autre sera additionnée d'une feuille d'or qui, à une douce chaleur, produira du chloride aurique jaune.

Mais toutes ces réactions ne permettront de conclure à l'empoisonnement par le chloride hydrique que pour autant qu'on aura constaté bien évidemment des lésions anatomopathologiques à la bouche, au tube digestif, etc.

Sulfide carbonique, acide sulfo-carbonique.

Ce composé, qui est liquide incolore et d'une odeur de couënne brûlée, est un toxique redoutable pour l'homme et les animaux.

Il est difficile de le manier d'une façon courante sans s'exposer à des dangers d'intoxication : un oiseau enfermé dans une cloche où l'on fait arriver quelques gouttes de sulfide carbonique, tombe comme foudroyé.

Uni aux sulfures alcalins, il forme des sulfo-carbonates, qui sont plus faciles à manier ; les sulfo-carbonates potassique, sodique et calcique sont liquides, celui de Baryum est solide et peut cristalliser.

Tous sont de puissants toxiques : traités à froid par un acide liquide, ils donnent lieu à du sulfide hydrique, qui se dégage et à du sulfide carbonique qui se sépare sous la forme d'un liquide huileux, de couleur rouge-brun, et qu'on peut ensuite retirer par la distillation; donc la combinaison du sulfide carbonique avec le sulfide hydrique forme l'acide *Trisulfo-carbonique*, représenté par $S^5 CH^2$, ou mieux appelé, selon moi, acide *sulfhydrocarbonique*, et que je représente par $S^2C, H^2 S$.

Le sulfide carbonique en présence de l'ammoniaque seule, ou du Nitrate ammonique et de la potasse, ou du

Nitrate ammonique et du sulfure potassique, donne lieu, soit à chaud, soit à froid, soit en tube ouvert, soit en tube scellé, à du sulfocyanure alcalin ; il faut donc y faire bien attention lorsque les matières à traiter sont en putréfaction.

Recherche du sulfide carbonique : on tâchera d'abord de le constater à l'odeur et à l'inflammation instantanée d'une partie de la matière ; ensuite on en traitera par distillation au bain-marie chauffé de 75 à 80° ; on en traitera aussi une partie par une solution concentrée de sulfure sodique, puis on la distillera avec addition de chloride hydrique sans dépasser 80° ; on obtiendra, de la sorte, du sulfide carbonique impur dans le récipient et du sulfide hydrique qui se dégagera ; on agitera ensuite le produit distillé avec de l'acide sulfurique concentré à plusieurs reprises et jusqu'à ce que l'acide ne noircisse plus: le sulfide carbonique sera alors exempt de matières organiques et facile à reconnaître.

Pour traiter les sulfo-carbonates qui auraient produit des accidents toxiques, on les mêle avec de l'acide Arsénieux, puis on les distille : le sulfide carbonique passe à la distillation, et il reste du sulfure d'Arsenic dans la liqueur décolorée.

Caractères des liquides qui contiennent du sulfide carbonique.

1°Versés dans une solution Ethérée de *Triéthylphosphine*, ils produisent une coloration rouge ; après l'évaporation de l'éther, on obtient des cristaux rouges, formés de sulfide carbonique et de *Triéthylphosphine*.

2° Le sulfate Nickélico-ammonique colore les sulfo-carbonates en *rouge groseille*. — Pour faire cette expérience, on verse un peu d'une solution de sulfate ou de chlorure de Nickel dans un tube d'essai, puis de l'ammoniaque pour redissoudre le précipité d'abord formé, ensuite de l'eau distillée jusqu'à décoloration: si dans ce mélange, bien agité, on verse quelques gouttes du produit supposé contenir un sulfo-carbonate alcalin, il prendra une teinte *rouge groseille*, s'il y en a; on peut en reconnaître un cent millième.

3° Lorsqu'on verse de l'acide chlorhydrique dans la solution d'un sulfo-carbonate, puis *rapidement* de l'eau, l'acide *sulfhydro-carbonique* (ou *Trisulfo-carbonique*) se sépare sous la forme d'un *liquide huileux, de couleur rouge-brun.*

4° Le sulfide carbonique colore en noir la solution alcoolique d'acétate plombique.

Pour préparer un sulfo-carbonate, on ajoute 15 parties de sulfide carbonique à 85 parties d'une solution concentrée de sulfure potassique ou sodique, puis on agite fortement et on chauffe jusqu'à 50°; alors on abandonne le vase fermé au repos pendant quelque temps, en l'agitant souvent.

Avant de passer à la recherche des poisons organiques, nous allons indiquer, en abrégé, comment on peut isoler les acides liquides et le sulfide carbonique dont il a été question. Après qu'on a constaté par la nature des taches ou des lésions, ou par le papier bleu de tournesol, ou par le bicarbonate sodique, que les matières suspectes ont la réaction acide, on les épuise par de l'eau, on filtre et l'on introduit le liquide dans une cornue de verre munie d'un récipient, et on la chauffe progressivement au bain de sable en évitant de dépasser 110°, afin de ne pas décomposer les acides organiques (l'acide oxalique notamment). Dès que les produits qui distillent ont la réaction acide, on change de récipient et l'on continue la distillation jusqu'à siccité, en ayant le soin de remarquer tout ce qui se passe pendant l'opération : s'il y a présence d'acide sulfurique, le résidu de la cornue sera brun-noirâtre et il s'en dégagera de l'acide sulfureux ; le produit distillé précipitera par le chlorure Barytique acidulé, et bien probablement aussi par l'Azotate Argentique. S'il y a de l'acide Azotique, le résidu de la cornue sera jaunâtre, il émettra des vapeurs rutilantes et aura laissé passer l'acide Nitrique dans le récipient, ce que l'on constatera au moyen d'addition d'or et d'un peu de chloride hydrique, etc. Si l'on a affaire à de l'acide chlorhydrique, le résidu de la cornue sera coloré en gris-noir, et le produit distillé aura la réaction acide, précipitera abondamment en blanc par l'Azotate Argentique, et le précipité se dissoudra immédiatement par l'ammoniaque.

Si, enfin, les matières contiennent du sulfide carbonique, la distillation immédiate le séparera, et permettra de le constater ensuite comme nous l'avons indiqué.

Poisons organiques.

S'il est presque toujours possible de retrouver les poisons minéraux en opérant délicatement et en évitant l'action oblitérante des matières organiques, il n'en est pas de même lorsqu'il s'agit des poisons organiques : ceux-ci éprouvent, au bout d'un temps plus ou moins long et selon les diverses circonstances dans lesquelles se trouve le cadavre, des modifications élémentaires qui peuvent changer du tout au tout leur individualité et par suite leur manière d'agir. L'expert chimiste est donc obligé d'extraire ces poisons en nature, tels qu'ils ont été ingérés, et de faire en sorte de ne pas les décomposer pendant le cours des opérations, ce qui n'est pas toujours possible, vu la mobilité de leurs éléments.

Nous avons dit précédemment que, lorsqu'on commence une analyse toxicologique par la recherche des poisons minéraux, on ne doit pas employer plus de la moitié des matières suspectes, surtout lorsqu'on devra rechercher aussi les poisons organiques. A cet effet voici comment on traitera la seconde moitié : on la divisera d'abord en petits fragments, puis on l'amènera en consistance de bouillie claire au moyen d'eau distillée, si elle n'est pas liquide ;

ensuite on l'introduira dans une cornue de verre tubulée,
dont on bouchera imparfaitement le col par une pelote
d'ouate, et on y adaptera un long tube de porcelaine ver-
nissé intérieurement et placé dans un fourneau long ; à
l'autre extrémité de ce tube on adaptera un tube à boules
contenant une solution d'Azotate Argentique au vingtième
et acidulée d'acide Nitrique, et la branche libre de ce tube
sera fixée à un aspirateur. Par la tubulure de la cornue on y
fera plonger jusqu'au fond la branche verticale d'un tube de
verre, recourbé à angle droit, dont la branche horizontale
recevra un petit tampon d'asbeste. L'appareil étant ainsi
disposé, on chauffera le fond de la cornue jusqu'à 45° au
plus, au moyen d'un bain-marie, tout en faisant fonctionner
l'aspirateur et examinant bien ce qui se passera dans le tube
à boules : si la solution Argentique ne se trouble pas au bout
de quelque temps, on en conclura que la matière ne contient ni chlore, ni chloride hydrique, ni cyanide hydrique,
ni sulfide carbonique libres, et on cessera de faire fonctionner l'aspirateur. Ensuite on chauffera lentement le tube
de porcelaine jusqu'au rouge, puis on fera de nouveau fonctionner l'aspirateur et examinera ce qui se produira dans
le tube à boules : s'il y a un précipité blanc, floconneux,
insoluble dans l'acide Nitrique, soluble dans l'ammoniaque
et se fonçant en couleur, c'est du chlorure Argentique qui
s'est formé par la décomposition du chloroforme, lequel ne
trouble pas à froid le Nitrate d'Argent ; si le précipité est
noir, c'est du sulfure d'Argent. Si l'on n'a rien obtenu dans
cette seconde partie de l'expérience, on procédera immédiatement, et avec la même matière, à la recherche des
alcaloïdes, comme il est indiqué plus loin.

Rappelons ici que la première filtration qu'on doit faire
pour séparer les liquides organiques d'avec les matières
solides, se fait au moyen d'un filtre mouillé en toile ou en
feutre ou en flanelle, de forme cônique, afin de pouvoir le

presser avec les mains pour en faciliter l'écoulement, et après cela on refiltre au papier mouillé également.

Occupons-nous actuellement des acides oxalique et cyanhydrique et de leurs composés vénéneux.

Acide oxalique et sel d'oseille.

Les empoisonnements produits par l'acide oxalique sont très-rares actuellement et sont dus à l'erreur ; il a été délivré en lieu et place du sulfate de Magnésie ou du sulfate sodique, et le sel d'oseille a été délivré pour de la crême de tartre ou de l'acide tartrique ; cependant en Angleterre on a fait usage de ces toxiques pour des suicides. Dix à 15 grammes d'acide oxalique peuvent déterminer la mort : il est vite absorbé, passe dans le sang et les urines, où il forme parfois des calculs d'oxalate calcique, et détermine alors ce qu'on appelle *l'oxalurie*. Diverses maladies aigües, telles que la fièvre typhoïde, la goutte, la leucorrhée, etc., peuvent donner lieu à la formation d'acide oxalique, ainsi que l'ingestion des boissons gazeuses et du sucre en quantité immodérée (l'action des boissons gazeuses sur le sucre produit de l'acide oxalique).

Recherche de l'acide oxalique.—Comme plusieurs végétaux alimentaires contiennent de l'acide oxalique à l'état de bioxalate potassique, ou d'oxalate calcique, on peut en retrouver dans l'estomac, d'où par l'acide chlorhydrique du suc gastrique qui le dissout, il passe dans l'économie ; mais dans ce cas ces composés ne produisent jamais l'empoisonnement ; il n'y a que ceux qui ont été pris spécialement et à dose suffisante qui déterminent des accidents toxiques, notamment des vomissements.

Pour rechercher l'acide oxalique on commence par constater l'acidité des matières, puis on opère sur les vomissements, le liquide de l'estomac, le tube digestif, le sang et l'urine : les matières solides sont divisées, ajoutées aux liquides et le tout est évaporé au bain-marie pour obtenir une masse pâteuse, qu'on épuise par de l'eau bouillante, afin d'enlever tout l'acide oxalique. On filtre le liquide refroidi à la toile mouillée, on l'évapore à siccité au bain-marie et puis on épuise le résidu par de l'alcool de 85° à 90°, et mieux par de l'alcool amylique, pour dissoudre l'acide oxalique et non le chlorure sodique, ni les autres sels.

Le liquide filtré froid est ensuite évaporé au bain-marie jusqu'à siccité, et le résidu est repris par de l'eau distillée tiède, qui isolera l'acide oxalique des corps gras et d'autres insolubles dans ce cas. Après filtration et concentration suffisante du liquide, on y recherchera l'acide oxalique.

Selon Dragendorff, on traite à deux reprises les matières, préalablement dessèchées, par de l'alcool acidulé de chloride hydrique, on filtre, on évapore l'alcool au bain-marie, et il reste une solution aqueuse d'acide oxalique, propre à y verser les réactifs suivants de cet acide :

1° La solution d'acétate calcique y forme un précipité blanc d'oxalate calcique, qui lavé à l'eau, puis à l'alcool et desséché, ensuite chauffé seul dans un tube fermé ou avec de l'acide sulfurique, donne un double gaz, dont une partie est retenue par de l'eau de chaux en la troublant, et l'autre passe au travers et brûle, si on l'enflamme, avec une couleur bleue ; ces deux gaz sont l'acide carbonique et l'oxyde carbonique.

On peut, à défaut d'acétate calcique, employer la solution de sulfate calcique fortement acidulée d'acide acétique : celui-ci tiendra en solution le carbonate et le phosphate calciques.

2° Le chloride Aurique est réduit par l'acide oxalique à 90° avec dégagement d'acide carbonique.

3° La solution de permanganate potassique acidulée d'une goutte d'acide sulfurique est décolorée avec dégagement d'acide carbonique aussi.

D'après M. Roussin, on sature par de l'hydrate de Quinine la bouillie acide des vomissements, du sang et des organes, puis on dessèche la masse au bain-marie ; ensuite on l'épuise par de l'alcool ordinaire, afin d'obtenir tout l'acide oxalique à l'état d'oxalate de Quinine soluble. Cette solution étant filtrée, est évaporée à siccité, et le produit est traité par un léger excès d'ammoniaque, afin d'obtenir de l'oxalate Ammonique, qu'on reprend par de l'eau et qu'on filtre pour avoir une solution d'oxalate Ammonique qui servira à le caractériser. (Voir plus loin.)

Recherche des oxalates. — On épuise d'abord les matières par de l'eau chaude, afin de dissoudre les oxalates solubles, ensuite par de l'eau acidulée de chloride hydrique, qui dissout même l'oxalate calcique ; on filtre et l'on obtient ainsi l'oxalate en dissolution, laquelle est partagée en plusieurs portions pour les soumettre à l'action des réactifs.

Les oxalates solubles précipitent en blanc par le chlorure calcique, et ce précipité insoluble dans le chlorure ammonique et dans l'acide Acétique, se dissout dans le chloride hydrique étendu, d'où l'ammoniaque le reprécipite.

Si l'on veut isoler l'acide oxalique de toute combinaison et l'avoir parfaitement pur, on traite l'oxalate ammonique obtenu (voir plus haut) par un léger excès d'Acétate plombique neutre, qui donne lieu à un précipité blanc d'oxalate plombique; celui-ci étant séparé et lavé à plusieurs reprises par des décantations, est ensuite suspendu dans de l'eau et soumis à un courant de sulfide hydrique, qui le transforme en sulfure plombique insoluble et en acide oxalique libre et en solution. Après filtration, on concentre le liquide au bain-marie jusqu'en consistance syrupeuse, puis on l'abandonne au repos, afin d'obtenir l'acide oxalique cristallisé.

Pièces de conviction: l'acide oxalique cristallisé et l'oxalate calcique, parce qu'ils permettront de reproduire les caractères distinctifs dans le cas de contestation : En effet, l'acide oxalique étant chauffé en vase ouvert se volatilise complétement et sans noircir ; avec de l'acide sulfurique concentré il se décompose en acide et en oxyde carboniques sans noircir également ; l'oxalate calcique broyé avec de l'alcool légèrement acidulé d'acide sulfurique, puis filtré, abandonne son acide oxalique, qui se dissout dans l'alcool employé et est ainsi séparé du sulfate calcique ; on peut le caractériser ensuite.

Acide Prussique ou Cyanhydrique et Cyanures.

Les empoisonnements criminels par l'acide Cyanhydrique sont rares, parce que l'odeur et la saveur de ce toxique sont tellement prononcées, même quand il est mélangé à de l'alcool, que la victime refuse de l'avaler ; parce qu'il n'est pas facile de s'en procurer, et parce qu'enfin, il se décompose au bout de quelque temps, heureusement.

L'eau et l'alcool en retardent la décomposition, et les alcalis caustiques lui font perdre son odeur, en formant des cyanures, ce qu'il ne produit pas avec les carbonates. Le Cyanide hydrique sert plutôt à produire des suicides ; cependant on lui préfère le cyanure potassique, qui donne lieu à de l'acide prussique aussi sous l'influence des acides de l'estomac ou de ceux qu'on avale immédiatement après.

Le Cyanide hydrique tue en quelques secondes, ou en quelques minutes, dix au plus, selon son degré de concentration ; l'huile essentielle d'amendes amères agit aussi très-rapidement, en 15 à 20 minutes.

Recherche de l'acide Cyanhydrique. — La réussite de la recherche toxicologique de cet acide, dépend des conditions dans lesquelles on se trouve placé, et elle est parfois impossible, notamment lorsqu'il y a commencement de putréfaction : après trois jours d'exposition du cadavre à l'air, on ne peut plus y retouver le Cyanide hydrique; en outre, il ne produit pas de lésions organiques bien caractériques : on dit bien que les yeux sont brillants, la pupille dilatée, la peau et les ongles cyanosés, les doigts, les orteils et les mâchoires contractés, le sang d'un rouge plus clair qu'habituellement et plus difficile à coaguler ; mais on ne peut pas constater ces phénomènes chaque fois, et d'autres toxiques et des affections mêmes, peuvent les produire aussi. Comme on ne peut recueillir trop de renseignements sur ces sortes d'empoisonnements, nous relaterons succinctement celui que Troppmann consomma en 1869, et qui est devenu célèbre.

Troppmann empoisonna Jean Kinck en lui faisant avaler de l'acide prussique qu'il avait préparé lui-même, simple ouvrier, en traitant trois parties de prussiate-potassique par un mélange de deux parties d'acide sulfurique et d'autant d'eau ; il s'était servi de deux cornues posées bec à bec, dont l'une servait de récipient, et l'autre contenant les matières avait été chauffée par une lampe à l'alcool. La chaleur mal appliquée ayant occasionné des soubresauts, des parties solides avaient passé à la distillation avec le Cyanide hydrique, et c'est ce produit compliqué que Troppmann fit avaler de force à sa victime, qui en mourut immédiatement et fut enterrée par le criminel.

Trois mois après, lorsque la justice eut connaissance de l'affaire, le cadavre de Jean Kinck fut exhumé pour en faire l'autopsie et l'analyse des viscères.

M. Roussin, qui fut chargé de cette dernière mission, déclare dans son rapport que les organes étaient en

putréfaction, dégageaient une odeur nauséabonde et avaient
une réaction fortement alcaline au papier de Tournesol ;
l'estomac et le duodenum seuls n'étaient pas aussi ramollis,
ne répandaient qu'une légère odeur cadavérique, et pré-
sentaient une réaction *sensiblement acide* au papier bleu
de tournesol. Ces deux organes n'ont rien offert de particulier à l'extérieur, tandis qu'à l'intérieur toutes les surfaces, notamment la muqueuse de l'estomac, étaient uni-
formément colorées *en bleu grisâtre assez foncé,* dont
l'intensité augmentait au contact de l'air. Ces surfaces in-
ternes ayant été râclées avec un scalpel, ont donné une
matière colorante bleue, insoluble dans l'eau, l'alcool,
l'éther et l'acide Acétique, et qui, examinée au microscope a
laissé apercevoir de petits corpuscules amorphes, d'un
bleu très-foncé : traité par la potasse, l'ammoniaque et le
carbonate potassique en solutions très-étendues, la coloration est devenue rouge d'ocre, mais la bleue s'est reproduite
par l'addition d'un acide.

Bref, toutes les réactions chimiques que M. Roussin a
faites avec ces corpuscules, l'ont amené à reconnaître qu'ils
consistaient en *bleu de Prusse.* Or, comme ce chimiste n'a
pu constater ni l'odeur, ni aucun des caractères de l'acide
prussique, vu le temps écoulé et la putréfaction, mais bien
la présence d'une notable quantité de bleu de Prusse, de
sulfate potassique et de sulfure de fer, il a conclu que Jean
Kinck a réellement ingéré durant sa vie de l'acide prussique
impur, préparé avec du prussiate potassique et de l'acide
sulfurique étendu, et qu'il s'est formé du bleu de Prusse
ensuite.

L'acide Cyanhydrique présente souvent l'occasion de deux
ordres de recherches différentes : l'analyse des organes et
des déjections, et l'analyse des substances, liquides ou
solides trouvées près de la victime.

Lorsqu'on sera auprès du malade, on cherchera à consta-

ter l'odeur du Cyanide hydrique en flairant son haleine ; on
agira de même lors de l'ouverture du corps, de l'estomac et
du cerveau ; mais l'absence d'odeur peut encore provenir
de la combinaison du Cyanide hydrique avec l'hémoglobine
du sang, qui forme dans ce cas le *Cyanhydrate d'hémoglobine*. On rapporte même qu'en soumettant le sang à la distillation on en a retiré de l'acide cyanhydrique.

Lors de l'enlèvement des viscères, on devra s'assurer
au moyen de l'odorat et des papiers de Gayac, de tournesol bleu et rouge, si l'on constate l'odeur et l'acidité du
cyanide hydrique ou d'un autre corps, ou bien l'odeur du
sulfhydrate ammonique : le papier de Gayac de Schœnbein,
doit bleuir pour la plus faible trace de cyanide hydrique, et
s'il ne le fait pas, on peut se dispenser de rechercher
cet acide ; ensuite on examinera au moyen de la loupe s'il
n'y a pas des particules jaunes, rouges ou bleues de divers
cyanures, et, après cet examen on procédera à la recherche
de l'acide cyanhydrique de l'une ou l'autre des manières
suivantes :

1° Si, comme nous l'avons rapporté plus haut, certaines
parties présentent la réaction acide, on les divise finement,
puis on les délaie dans de l'eau et on les distille à une basse
température pendant une heure et demie, en refroidissant
fortement le récipient. On n'est pas sûr pour cela
d'avoir séparé du cyanide hydrique, soit parce qu'il
n'y en avait pas, soit parce qu'il est trop fixé dans les
matières restées dans la cornue ; par conséquent, il ne
faut pas jeter ces dernières, mais les réserver pour les
traiter comme nous allons l'indiquer ; toutefois on essaiera
le produit distillé par l'Azotate Argentique, le sulfate ferroso-
ferrique, le papier de Schœnbein et par le sulfhydrate
ammonique et l'évaporation à siccité.

2° On prend le contenu de l'estomac, les parties supé-
rieures de l'intestin, l'urine, le sang, le foie, le cerveau,

etc., on les divise finement, puis on y ajoute de l'eau pour en faire une bouillie claire, dans laquelle on verse une solution d'acide Tartrique, si la bouillie n'a pas la réaction acide. Cet acide, ainsi que le sulfurique étendu et le Phosphorique, déplacera le cyanide hydrique sans l'altérer; mais le sulfurique, en se concentrant à chaud, désorganisera les matières suspectes, d'où dégagement d'acides sulfureux et carbonique, et non-réussite de la recherche.

Il ne faut jamais employer l'acide Nitrique, parce qu'il forme du cyanide hydrique avec les matières grasses. On soumet donc les matières additionnées d'acide Tartrique à la distillation à une température de 105° à 110°, en employant un refrigérant de Liebig, et on retire trois centimètres cubes pour chaque 100^{cc} du liquide contenu dans la cornue ; on change de récipient à chaque trois centimètres cubes distillés, parce que le cyanide hydrique se retrouve plus sûrement dans les premières portions. On conseille, avec raison, de faire arriver un courant d'air dans la cornue, pendant la distillation (au moyen d'un aspirateur placé à la fin de l'appareil), afin d'entraîner plus facilement l'acide cyanhydrique. Ces diverses portions de liquide sont ensuite essayées par les réactifs cités et auxquels nous revenons plus loin.

3° Les matières suspectes bien divisées sont délayées dans de l'eau pour en faire une bouillie, qu'on distille au bain-marie, dans une cornue dont le tube abducteur plonge dans une solution d'Azotate Argentique au vingtième : s'il y a du cyanide hydrique dans les matières ainsi traitées, il formera un précipité blanc de cyanure argentique, et lorsqu'il ne s'en formera plus, on ajoutera du chloride hydrique dans la cornue, à laquelle on adaptera un autre flacon avec du Nitrate d'Argent, et on distillera de nouveau : s'il se forme encore du cyanure argentique, c'est que ces matières contenaient un cyanure fixe, probablement le cyanure potassique.

4° On peut aussi recevoir le produit de la distillation dans de l'eau, puis y ajouter du carbonate calcique ou du Borax en poudre fine, redistiller ensuite et recevoir cette fois la vapeur dans une solution d'Azotate Argentique : s'il y avait du chloride hydrique en même temps que du cyanide hydrique, il serait retenu dans la cornue par la chaux ou par le Borax.

Le produit liquide, obtenu comme résultat de chacun des procédés décrits, sera traité de la manière suivante, afin d'y rechercher l'acide Prussique.

On constatera d'abord son odeur et son action sur le papier de Gaïac, ensuite on fera usage des réactifs les plus caractéristiques, et qui sont :

L'*Azotate Argentique* y produira un précipité blanc de cyanure Argentique, soluble dans l'acide Nitrique à *chaud* (ce que n'est pas le chlorure Argentique), dans les acides sulfurique et chlorhydrique concentrés, avec émission d'odeur d'amandes amères et production de cyanide hydrique ; également soluble dans l'ammoniaque, l'hyposulfite sodique et les cyanures alcalins. De ce cyanure Argentique lavé, desséché, puis chauffé dans un tube de verre fermé, dégage du cyanogène et laisse de l'argent ; s'il se trouve en même temps du sulfure d'argent, celui-ci est noir, insoluble dans l'ammoniaque, mais soluble dans l'acide Nitrique, ce qui en permet la séparation.

Une autre portion de cyanure Argentique bien sec, introduit dans un tube de verre fermé et très-étroit, au fond duquel on a mis un fragment d'iode, donne, lorsqu'on chauffe d'abord ce dernier, un sublimé blanc, aiguillé, d'un aspect nacré, d'iodure de cyanogène, dont l'odeur est très-vive à chaud ; cette réaction est apparente même avec 5 dix millièmes de gramme de cyanure Argentique ; on peut ajouter du carbonate sodique sec par dessus la matière avant de la chauffer, mais il est préférable de s'en passer.

Une solution mixte de sulfate ferroso-ferrique versée dans le liquide distillé et préalablement neutralisé par de la potasse, y produit un précipité de bleu de prusse ; mais si l'on y ajoute trop de potasse, il se précipite en même temps de l'oxyde ferroso-ferrique et l'on n'aperçoit pas nettement le bleu de prusse ; il faut donc s'assurer au moyen du papier rouge de tournesol qu'on n'a pas mis trop de potasse, et, dans le cas contraire, la neutraliser par un peu de chloride hydrique ; mais comme c'est délicat à réussir, nous préférons ajouter un peu du liquide distillé jusqu'à ce qu'il produise la neutralité, après quoi on y versera la solution ferroso-ferrique.

Du sulfhydrate Ammonique jaune, ajouté au produit distillé à volume égal, puis un peu d'ammoniaque, et le mélange évaporé à siccité au bain-marie (pour ne pas le faire bouillir), laisse un résidu solide, blanc un peu jaunâtre, de sulfocyanure ammonique, qui repris avec un peu d'eau et la solution filtrée pour en séparer le soufre (ce dont on peut se dispenser), donne une solution de sulfocyanure ammonique : celle-ci acidulée par un peu de chloride hydrique (sans qu'elle dégage du sulfide hydrique), produit une coloration rouge de sang lorsqu'on y dépose une goutte de chlorure ferrique délayée dans six centimètres cubes d'eau distillée. On a conseillé d'ajouter de la potasse au sulfhydrate ammonique plutôt que de l'ammoniaque, afin d'être certain que la chaleur, même douce, ne volatilisera pas le sulfocyanure formé ; en outre, il faut s'assurer, avant d'ajouter le sulfhydrate ammonique au produit distillé, que celui-ci ne donne pas de coloration rouge avec le chlorure ferrique, parce qu'on prétend qu'il peut se trouver du sulfocyanure potassique dans la salive. La production du sulfocyanure ammonique ou potassique et l'expérience que nous venons d'indiquer s'exécutent dans une petite capsule de porcelaine.

Ces réactions venant corroborer les indices obtenus par l'odeur et l'examen des viscères au moyen des papiers réactifs indiqués précédemment, permettent d'affirmer la présence du cyanide hydrique ou du cyanure ammonique.

Cyanures et Nitrocyanures.

Les empoisonnements par les cyanures sont plus fréquents que ceux produits par le cyanide hydrique, parce que ces sels sont faciles à se procurer, et que les photographes, les doreurs et les argenteurs en font usage dans l'exercice de leurs professions, ainsi que pour enlever les taches de Nitrate d'Argent qu'ils ont sur les mains. Or, si celles-ci sont gercées, ou qu'elles portent des écorchures ou des coupures, il arrive que du cyanure potassique y pénètre et détermine des accidents, qui deviennent parfois très-graves lorsqu'on a répété fréquemment cette pratique.

Les cyanures alcalins et celui de Mercure sont incolores et solubles dans l'eau ; les premiers ont la réaction alcaline, l'odeur des amandes amères ou du cyanide hydrique et la saveur âcre : douze centigrammes de cyanure potassique correspondent à cinq centigrammes de cyanide hydrique anhydre et sont considérés comme une dose mortelle ; M. Roussin dit que 25 centigrammes de cyanure potassique déterminent certainement la mort d'un adulte.

Les cyanures simples et solubles sont directement vénéneux, surtout lorsque les sucs gastriques sont acides ; le plus énergique est le cyanure ammonique, parce qu'il se transforme aisément en cyanide hydrique. Si le gaz d'éclairage n'est pas complétement dépouillé d'ammoniaque, sa combustion donne alors naissance à du cyanure ammonique, dont la vapeur, dispersée dans les appartements, détermine de violents maux de tête et de graves accidents.

Quant au cyanure mercurique, il est vénéneux parce qu'il agit à la fois comme composé du cyanogène et comme composé mercurique soluble, qui sont tous vénéneux. Mais pour qu'il produise de l'acide cyanhydrique, il exige le contact d'un acide concentré, tandis que le cyanure zincique, bien qu'insoluble, en produit avec les acides faibles.

Les cyanures d'or et d'Argent ne sont pas vénéneux ; les deux cyanures de fer et de potassium ne sont toxiques qu'à haute dose et en présence d'un acide ; il en est de même du bleu de prusse et des autres cyanures insolubles, mais attaquables par les sucs gastriques.

Les cyanates ne peuvent être considérés comme des toxiques, parce qu'ils se transforment en carbonates dans l'économie animale.

Recherche des cyanures. — On délaiera les matières solides dans de l'eau, on y ajoutera du chloride hydrique, puis on les soumettra à la distillation, dans le but de produire du cyanide hydrique qu'on condensera, en procédant comme nous l'avons indiqué pour rechercher l'acide prussique. Lorsqu'on aura constaté la présence de ce dernier dans le produit distillé, on recherchera la nature du métal dans le contenu de la cornue ; pour cela, il faudra peut-être détruire la matière organique par l'acide sulfurique et la chaleur, et non par le chlorate potassique, qui y introduirait du potassium.

On traitera de la même manière les urines, qui servent à éliminer les cyanures de l'économie.

Mélange de deux cyanures.

Lorsqu'il y a mélange d'un cyanure double non toxique avec un cyanure toxique, on opère comme il suit, d'après Dragendorff, afin d'éviter que le cyanure double produise de l'acide cyanhydrique :

1° Les matières sont délayées dans de l'eau pour en faire une bouillie claire, qu'on filtre après quelque temps de macération ; alors si le liquide filtré n'est pas acide on l'acidule par un peu d'acide sulfurique très-étendu, puis on le précipite par une solution *neutre* de chlorure ferrique. Le liquide étant filtré est ensuite neutralisé par un excès de tartrate calcique neutre, puis soumis à la distillation : le cyanide hydrique ne décomposant pas le sel calcique employé, passe à la distillation et on le constate dans le produit obtenu.

2° En faisant passer un courant d'air à travers les matières suspectes qui contiennent à la fois du cyanide hydrique et un cyanure double, on peut leur enlever l'acide sans chauffer.

Pour le cyanure Mercurique.—On épuise la matière par de l'eau bouillante, on filtre, on essaie une partie du liquide par du sulfide hydrique, pour y constater le mercure, et l'on évapore l'autre à siccité. Si le résidu est assez notable, on en calcine une partie dans un tube de verre fermé, afin de constater le cyanogène à son odeur, à sa combustion, et le mercure à son sublimé gris. L'autre partie est traitée dans une cornue par de l'acide sulfurique étendu, pour recueillir le cyanide hydrique qu'on caractérise également; enfin, le contenu de la cornue pourra servir à reconnaître le mercure.

Si la quantité de matière obtenue par l'épuisement de la substance suspecte n'est pas suffisante pour exécuter toutes ces opérations, on la traitera par un courant de sulfide hydrique, qui donnera lieu à du cyanide hydrique et à du sulfure mercurique qu'on filtrera et examinera ensuite, en le sublimant d'abord, puis en le dissolvant dans de l'eau régale. On peut faire arriver le sulfide hydrique dans la masse liquide, refroidie pour rendre l'action du réactif aussi complète que possible, filtrer le liquide, puis le distiller au bain-marie, afin de condenser le cyanide hydrique dans un récipient fortememt refroidi.

Ferro-cyanures. — On délaie les matières dans de l'eau chaude, on filtre au bout d'un temps suffisant, on acidule le liquide avec du chloride hydrique, puis on l'essaie par du chlorure ferrique, qui doit y former un précipité de *bleu de Prusse.*

Mais comme les cyanures de fer, seuls et en petite dose, ne produisent pas l'empoisonnement, il importe lorsqu'on en a constaté la présence, qu'on opère d'après le procédé de Dragendorff, afin de s'assurer qu'il y a ou qu'il n'y a pas du cyanide hydrique libre ou un cyanure simple capable d'en produire dans cette condition ; le bleu de Prusse, s'il y en a, restera intact.

Nitro-prussiates potassique et sodique.—Ils sont solubles et très-vénéneux aussi, mais trop peu connus du vulgaire pour être employés comme poisons. — On les recherchera en épuisant les matières suspectes par de l'eau chaude et la filtration ensuite ; la liqueur obtenue sera partagée en plusieurs portions, dans lesquelles on versera respective-ment un sulfure et un sulfyhdrate alcalins, afin de produire la coloration pourprée et caractéristique des Nitro-prus-siates.

Sulfocyanures. — Ils se reconnaissent à la coloration *rouge de sang* qu'ils produisent avec les sels ferriques.

Sirop au cyanide hydrique.—Pour y constater cet acide, on l'étendra d'eau distillée afin de le rendre plus fluide, puis on l'essaiera aux papiers de Tournesol et de Schœnbein, ensuite on y versera de l'azotate Argentique et l'agitera vivement de temps en temps pour multiplier les points de contact. Si, après un repos suffisant, on aperçoit un précipité blanc, on le recueillera et le traitera comme nous l'avons indiqué pour reconnaître le cyanure argentique.

Huile essentielle d'Amandes amères.—Lorsqu'elle est tout-à-fait débarrassée de cyanide hydrique elle n'est pas toxique mais elle l'est en raison directe de la quantité qu'elle en contient.

Les Amandes amères, les noyaux de *Pêche*, d'*Abricot*, de *Prune*, de *Cerise*, de *Mérise* et d'autres, contenant de l'*amygdaline* et de l'*émulsine*, peuvent produire des accidents graves et même la mort chez les enfants, par suite de l'acide cyanhydrique qui se forme pendant la digestion. Au mois de juillet 1878, un jeune garçon de cinq ans et demi mourut à Paris, dans d'horribles convulsions, après avoir mangé une assez forte quantité de noyaux de pêches, et malgré les soins d'un médecin.

L'Eau de laurier cerise, qui contient trop de cyanide hydrique, peut agir de même, ainsi que le Kirsch artificiel mal préparé.

Boissons alcooliques.

Elles ne sont pas rangées dans les toxiques, par la raison que l'alcool ne peut agir comme poison que lorsqu'il est pris en quantité immodérée, ce qui arrive dans les paris, ou lorsqu'on en fait boire à des enfants, ou que, par mégarde, on a ingurgité de l'alcool rectifié, qui alors a coagulé les tissus albuminoïdes.

L'alcool s'élimine de l'économie en grande partie par la transpiration et les urines.

Recherche de l'Alcool.—On commencera par flairer les viscères, afin de reconnaître à l'odeur la qualité de la liqueur, ou bien celle de l'alcool ou du genièvre.

Ensuite, le contenu de l'estomac, le foie, le cerveau et le sang, seront additionnés d'un dixième ou d'un cinquième de leur poids d'eau (selon que la masse est épaisse ou fluide) et d'un peu de potasse, si leur réaction est acide, puis distillés au bain-marie sous un courant d'air amené par un aspirateur (pour faciliter la volatilisation de l'alcool), et en refroidissant complétement le récipient.

Pour modérer la mousse qui pourrait se former, on ajoute un peu de paraffine, et si le produit obtenu à la distillation est abondant, on le rectifie par une seconde distillation sur du carbonate potassique anhydre ; on obtient, de la sorte, un produit dont l'odeur de l'alcool sera plus prononcée (en supposant qu'il en renferme), et qu'on examinera au moyen des papiers de Tournesol et des réactifs suivants :

Dans une portion, on dissoudra de l'Acétate sodique, on y ajoutera de l'acide sulfurique concentré, plus qu'il n'en faut pour décomposer l'Acétate, on fera bouillir légèrement pendant quelques minutes dans un ballon et de façon que les vapeurs y retombent, et lorsque le liquide sera un peu refroidi, on le flairera, afin de constater s'il s'y est formé de l'éther Acétique, ce qui sera décisif, parce qu'il ne peut s'en former avec aucune autre combinaison que l'alcool.

On pourra en distiller un peu pour l'avoir pur et le présenter comme pièce de conviction.

2° Au lieu d'employer de l'Acétate sodique, on peut verser deux ou trois centimètres cubes d'acide sulfurique concentré le long de la paroi intérieure du récipient qui contient le produit rectifié sur du carbonate potassique, les faire promener sur tout le pourtour, puis y ajouter de une à trois gouttes d'acide Butyrique : il se produira immédiatement *une odeur de fraise* due à la formation du *Butyrate d'Ethyle*; cette odeur se développe plus nettement encore lorsqu'on ajoute quatre ou six centimètres cubes d'eau quelque temps après qu'on l'a perçue.

3° On projette quelques cristaux d'acide chrômique dans une deuxième portion du liquide rectifié et l'on chauffe jusqu'à l'ébullition; alors il se précipite de l'oxide chrômique vert, qui se redissout lorsqu'on y verse un peu d'acide sulfurique, en formant du sulfate chrômique également vert, et il se dégage, en outre, une odeur d'aldéhyde.

A défaut d'acide chrômique, on peut employer un décigramme de bichrômate potassique et trente grammes d'acide sulfurique.

Le chloride hydrique ne convient pas, parce qu'il réduit l'acide chrômique en oxyde, de même que le fait le sulfide hydrique et les autres réductifs ; la réaction que nous indiquons n'est que confirmative des précédentes.

4° D'après *Taylor*, on fait passer les Vapeurs du liquide rectifié dans un tube de verre qui contient vers l'un des bouts un tampon d'amianthe imprégné d'un mélange de bichrômate potassique et d'acide sulfurique : les vapeurs d'alcool qu'on y fait passer ensuite réduisent le mélange en sel de *chrôme vert* et exhalent l'odeur de l'aldéhyde.

5° D'après *Lieben*, on ajoute quelques centigrammes d'iode à un peu du liquide rectifié, mis dans un tube d'essai et de façon à le colorer en brun, puis quelques gouttes de solution de carbonate sodique pour que le liquide ait une teinte jaune brunâtre, et on le chauffe légèrement : au bout de quelque temps, il s'y dépose de l'iodoforme solide, jaune et critallin.

Mais l'auteur fait remarquer que les premiers produits de la distillation de l'urine, traités par de l'iode et de la potasse donnent aussi de l'iodoforme; il ne faut donc pas mêler l'urine avec les produits des viscères, ni surtout avec ceux de l'estomac. Cependant on peut suivre ce procédé pour rechercher l'alcool dans l'urine des personnes mortes après de fortes libations alcooliques.

En 1877, M. Rajeswki, en soumettant à la distillation le cerveau, le foie, les muscles du lapin, du cheval, du bœuf et du chien, y a constaté *normalement* l'alcool ; d'où il conclut que la réaction faite sur le produit avec de l'iode et de la potasse caustique pour produire de l'iodoforme, n'est pas à exécuter lors de la recherche de l'alcool dans l'économie animale.

Chloroforme.

Les empoisonnements occasionnés par le chloroforme sont dus à l'action de ce liquide pris intérieurement ; plusieurs fois cependant, des personnes ont été victimes de l'inhalation de ses vapeurs qui, à trop forte dose, ou lorsque cet anestésique était mal préparé, ont produit la mort. En Angleterre, on en a fait souvent usage pour des suicides. — Le chloroforme ingéré a pour particularité de retarder la putréfaction, et par suite de faire persister la rigidité cadavérique au-delà des limites ordinaires. Il ne se modifie pas dans l'organisme, mais il s'élimine presque en totalité par la peau et par les urines, auxquelles il communique la propriété de réduire le *tartrate cuprico-potassique* (y faire attention lors de la recherche du glucose).

Recherche du chloroforme. — On flairera attentivement le contenu de l'estomac, le sang, le cerveau, le foie, la rate et les poumons, afin de constater l'odeur caractéristique du chloroforme ; ensuite, si on l'a reconnue manifestement, on soumettra le contenu de l'estomac à la distillation à 100° (au bain-marie) dans une cornue de verre tubulée, munie d'un réfrigérant de *Liebig* et d'un récipient fortement refroidi ; par la tubulure de la cornue on fera arriver continuellement un courant d'air sec (au moyen d'un aspirateur adapté à la fin de l'appareil), pour faciliter la volatilisation du chloroforme. De la sorte, on obtiendra un liquide rendu laiteux par ce dernier (s'il y en a) et dont l'odeur sera plus prononcée que celle qu'avait la matière avant la distillation ; on fractionnera ce liquide en plusieurs portions, qu'on essaiera comme il suit :

1° Quelques gouttes seront ajoutées à un mélange d'*ani-*

line et de solution alcoolique de soude caustique, puis on fera bouillir : s'il y a du chloroforme, on constatera une odeur repoussante d'*Isonitrile*.

2° Une autre portion sera traitée par une solution alcoolique de potasse à l'ébullition, et sera ainsi transformée en chlorure et en formiate potassiques ; par suite de la présence de ce dernier, ce liquide aura la propriété de réduire l'azotate argentique, ce que ne fait pas le chloroforme.

3° Une mèche de coton imprégnée du liquide distillé, puis enflammée brûlera avec *une flamme verte*, comme le font tous les composés chlorés.

4° On mettra une parcelle d'iode dans une quatrième portion, et si elle contient du chloroforme, l'iode s'y dissoudra en produisant une coloration *pourpre caractéristique*. Mais la distillation des organes délayés au sein de l'eau ne peut fournir aucune indication précise ; en effet, la petite quantité de chloroforme qui passerait ainsi, entrainée par la vapeur d'eau, se dissoudrait entièrement dans le liquide distillé et s'y trouverait mélangée avec des produits volatils d'origine animale, dont la présence masquerait l'odeur et les réactions du chloroforme. Voici donc comment il faut traiter les organes : la masse cérébrale, le foie, les poumons et le sang sont réduits à l'aide de l'eau en une bouillie presque liquide (en les broyant dans un mortier de porcelaine) que l'on introduit dans un grand ballon plongeant dans un bain-marie ; au goulot du ballon on fixe un bouchon qui reçoit deux tubes courbés à angle droit : l'un plonge jusqu'au fond du ballon et sa branche horizontale est libre et en communication avec l'air ; l'autre tube communique par sa branche horizontale (contenant une petite bourre de coton cardé) avec un tube de porcelaine posé dans un fourneau long et rempli de morceaux de porcelaine bien propres ; à ce tube est adapté un condenseur de Liebig à cinq boules, contenant une solution d'azotate argentique au 20° et acidulée d'acide nitrique, et enfin un aspirateur. On commence par chauffer le bain-marie à 40°, et alors on fait fonctionner l'aspirateur en examinant ce qui se passe dans le tube de Liebig : si le liquide ne se trouble pas au bout de quelque temps, on cesse de faire fonctionner l'aspirateur, sans cesser de chauffer, et l'on conclut que la matière ne contient ni chlore, ni chloride hydrique, ni cyanide hydrique libres. Ensuite, on chauffe le tube de porcelaine jusqu'au rouge, puis on fait de nouveau manœuvrer l'aspirateur et on examine ce qui se produit dans le condenseur : s'il contient un précipité blanc, floconneux, insoluble dans l'acide nitrique, soluble dans l'ammoniaque et se fonçant en couleur, c'est qu'il s'y est formé, cette fois, du chlorure argentique, par suite de la décomposition du chloroforme au moyen de la chaleur, lequel ne se trouble pas à froid par l'azotate d'argent.

L'insolubilité du précipité caillebotté dans l'acide nitrique à l'ébullition est un bon caractère, parce qu'il aurait pu se former, par les matières animales azotées, du cyanure d'argent qui se dissoudrait dans cet acide à l'ébullition. Le ballon doit être grand relativement au volume de la masse à y introduire, afin d'éviter que, si pendant la caléfaction il se forme de l'écume ou que la matière se tuméfie, il en passe dans le tube de porcelaine et de là dans le nitrate argentique, ce qui induirait en erreur.

Lorsqu'on a recherché le phosphore, le cyanide hydrique, l'alcool et le chloroforme sans résultat positif, on procède ensuite à la recherche des alcaloïdes sur le restant des matières suspectes, à moins que les médecins ne disent à l'expert chimiste de les rechercher directement.

Alcaloïdes.

La plupart des alcaloïdes, pris à petites doses, ont une action vénéneuse et mortelle, et c'est dans cette classe de principes immédiats que se trouvent les poisons végétaux les plus actifs. C'est avec le suc épaissi, ou l'extrait de certains végétaux qui en renferment, que les sauvages préparent les poisons qu'ils nomment *upas-antiar*, *upas-tieuté* et *curare*.

Un grand nombre d'alcaloïdes résistent assez longtemps à la putréfaction cadavérique, et d'autres, au contraire, se décomposent très-vite.

Recherche des alcaloïdes. — Pour résoudre suffisamment le problème de la recherche des alcaloïdes, on doit les isoler des matières suspectes dans un état de pureté tel que les réactions caractéristiques se reproduisent d'une façon évidente et nullement douteuse, parce que certaines substances organiques, très-communes, notamment le sucre, l'albumine, et l'acide Tartrique, masquent les réactions de beaucoup d'alcaloïdes.

Or, pour arriver à un bon résultat, il faut vaincre plusieurs difficultés provenant de ce que le toxique a été presque toujours administré en très-faible quantité, et qu'il se diffuse aisément dans toute l'économie ; que sa séparation complète d'avec les corps étrangers demande beaucoup de précautions, attendu qu'un grand nombre de réactifs employés à cet effet peuvent détruire les alcaloïdes. Si l'on n'agit pas délicatement, cette dernière difficulté n'est pas toujours surmontable, surtout lorsqu'on ne connaît pas tous les détails de la circonstance.

Nonobstant ces difficultés, la science en est arrivée aujourd'hui à permettre de découvrir au sein d'un liquide suspect de très-petites quantités d'alcaloïdes, avec une certitude suffisante pour pouvoir se prononcer sur leur nature spéciale.

Avant de décrire les procédés de recherches, rappelons les propriétés générales des alcaloïdes :

Ils sont liquides ou solides ; les premiers sont volatils, ne contiennent pas d'oxygène et sont au nombre de cinq ; ce sont : la *Nicotine*, la *Conicine*, la *Spartéïne*, la *Pipéridine* et l'*Aniline* ; les trois premiers sont naturels et les deux autres artificiels. Les alcaloïdes de la seconde sorte sont solides et fixes, à l'exception de la *Cinchonine* ; ils sont incolores et cristallisables ; en solution, tous ont la réaction alcaline, et, comme l'ammoniaque, ils forment des chlorures doubles avec le chloride platinique.

L'iodure mercurico-potassique, l'iodure Bismuthico-potassique, l'iodure cadmico-potassique, ainsi que d'autres iodures doubles, le tannin, l'acide Phosphomolybdique et l'acide Phosphotungstique, précipitent tous les alcaloïdes. Ceux-ci sont solubles dans l'alcool ordinaire, l'alcool amylique, l'éther, le Benzol, le chloroforme, etc. Les caractères spécifiques des alcaloïdes seront indiqués à propos de la recherche de chacun d'eux.

On a imaginé plusieurs procédés généraux pour extraire les alcaloïdes des matières animales suspectes, mais presque tous laissent à désirer plus ou moins, vu la complexité des substances auxquelles on a affaire et la manière de se comporter des bases végétales, ainsi que nous l'avons dit. Bien qu'elles soient solubles dans l'éther et dans l'alcool amylique, ces deux dissolvants ne les enlèvent cependant pas toujours complétement à leurs dissolutions acides, même à celle qui est faite par de l'acide tartrique ; en outre, comme l'alcool amylique dissout l'urée, on ne doit pas en faire usage lorsqu'on recherche les alcaloïdes dans l'urine, etc.

Les meilleures modifications apportées aux procédés de recherche des alcaloïdes sont celles qui consistent à faire usage d'acide chlorhydrique ou sulfurique dilués au cinquième, ou mieux d'acide Acétique au lieu du Tartrique, puis de Benzine, de chloroforme et d'alcool amylique, selon les cas spéciaux.

Selon M. *Gray*, l'acide Acétique est préférable à tous les autres pour traiter les masses organiques à analyser, parce qu'il coagule mieux les matières albuminoïdes, qu'il ne transforme pas l'amidon en sucre, ni les alcools en éthers, qu'il est facile à éliminer, et qu'il forme des sels organiques très-solubles.

D'autre part, Nowak a constaté que le chloroforme enlève *à froid*, d'une manière aussi rapide que complète, aux dissolutions alcalines, la *Strychnine*, la *quinine*, la *quinidine*, la *cinchonine*, la *Caféine*, la *Théobromine*, l'*émétine*, l'*Atropine*, l'*hyosciamine*, l'*Aconitine*, la *Vératrine*, la *Physostigmine*, la *Narcotine*, la *Codéine*, la *Thébaïne*, la *Nicotine* et la *Coniine* ; — la *Brucine*, la *calchicine* et la *Papavérine* s'y dissolvent un peu moins vite; — la *Sabadilline* ne s'y dissout qu'à *chaud*, et la *Narcéine* faiblement ; quant à la *Picrotoxine*, le chloroforme l'extrait bien plus facilement d'une dissolution acide que d'une dissolution alcaline.

Des recherches complémentaires ont démontré que toutes les substances susceptibles d'être extraites de la solution aqueuse alcaline par le chloroforme, en sont ensuite retirées par une agitation de plusieurs heures avec de l'eau acidulée, tandis que des matières étrangères, grasses et autres, restent dans le chloroforme.

Donc, ce dissolvant enlève *à froid* un grand nombre d'alcaloïdes aux dissolutions alcalines ; un plus petit nombre *à chaud*, et enfin, d'autres à leurs dissolutions acides.

Les alcaloïdes ainsi séparés sont assez purs pour en constater immédiatement l'identité par les réactions caractéristiques. — Ces manières de se comporter de l'acide Acétique et du chloroforme ont servi de base à la méthode systématique suivante pour la recherche des poisons végétaux.

D'après MM. *Gray* et *Lymann*, on broie les matières à essayer dans un mortier de porcelaine jusqu'à consistance pâteuse, puis on y ajoute de l'acide Acétique en excès, et on fait digérer pendant vingt-quatre heures à 27° en agitant souvent ; ensuite on soumet la masse à la *Dialyse* pendant 48 heures, dans une quantité d'eau dont le poids est égal à 10 fois celui de la masse, qu'on agite fréquemment. (Nous ne recommandons pas la dialyse, mais plutôt l'épuisement des matières par la quantité d'eau indiquée ; ce sera plus complet et moins lent.) Alors le liquide filtré est évaporé au bain-marie jusqu'à ce qu'il ne pèse plus que quatre grammes (en consistance sirupeuse) ; ensuite on ajoute encore de l'acide Acétique à ce produit jusqu'à réaction acide, si c'est nécessaire, et on l'agite toutes les cinq minutes avec une quantité double de chloroforme et jusqu'à ce que celui-ci ne laisse plus de résidu par l'évaporation sur un verre de montre. On a ainsi enlevé les alcaloïdes que le chloroforme dissout et sépare de leurs *dissolutions acides*. — Cela fait, on verse dans l'extrait aqueux restant de l'ammoniaque en excès, puis on l'agite de nouveau toutes les cinq minutes avec quatre fois son volume de chloroforme et jusqu'à ce que la dernière portion de celui-ci ne laisse plus de résidu à l'évaporation ; on obtient alors en solution tous les alcaloïdes que le chloroforme *enlève à froid aux solutions alcalines* ; enfin, en épuisant une troisième fois le résidu par du chloroforme *et à chaud*, on enlève le restant des alcaloïdes que la matière primitive contenait.

D'après M. Dragendorff, les matières à examiner sont finement divisées et délayées avec de l'eau distillée de manière à les rendre très-fluides ; on y ajoute pour 100cc, 10 d'acide sulfurique dilué au cinquième, et on laisse digérer

le liquide, qui doit être acide, pendant quelques heures à
50°; alors on exprime la masse, et puis on recommence le
même traitement avec 100 nouveaux c.c. cubes d'eau. Les
deux liquides sont réunis, filtrés, évaporés à consistance
légèrement sirupeuse et introduits dans un flacon avec le
triple ou le quadruple de leur volume d'alcool à 95°. Après
une digestion de 24 heures, on filtre, lave le dépôt à plusieurs repises avec de l'alcool à 70°, et l'on évapore la
solution alcoolique dans une cornue pourvue d'un récipient;
le résidu aqueux est ensuite étendu à 50 centimètres cubes
et agité avec 20 à 30 centimètres cubes de benzine qu'on
décante, et on reprend une seconde fois le liquide avec une
même proportion de benzine, puis on réunit ces deux
liquides et les fait évaporer, afin d'examiner ce qu'ils
avaient dissous ; ordinairement ce sont des matières étrangères aux alcaloïdes.

Le liquide aqueux acide est rendu alcalin par de l'ammoniaque, puis chauffé à 40° ou 50° et agité à deux reprises
avec 50 centimètres cubes de benzine : les solutions de
Benzine abandonnent souvent par l'évaporation spontanée
l'alcaloïde du premier jet sous forme d'un corps blanc,
qu'on lave à l'eau froide; cette première eau est rejetée, et
le résidu est redissous dans de l'acide sulfurique très-dilué
et sa dissolution reprécipitée par de l'ammoniaque, dont
on isole l'alcaloïde par de la benzine. Cette dernière est
décantée, agitée à diverses reprises avec de l'eau distillée,
filtrée, puis évaporée. Si l'on a eu le soin de séparer de
la benzine toutes les parties aqueuses, on obtiendra un
produit incolore et pur ; il convient d'éparpiller le liquide
sur des verres de montre, afin de hâter l'évaporation à
une température qui ne doit pas dépasser 40°.

Cette méthode s'applique à la recherche de la *Strychnine*,
de la *Brucine*, de la *quinine*, de la *quinidine*, de la *cinchonine*,
de l'*émétine*, de l'*atropine*, de l'*hyosciamine*, de *l'ésérine*, de

9

l'*aconitine*, de la *vératrine*, de la *delphine*, de la *narcotine*, de *la codéine*, de la *papavérine*, de la *thébaïne*, de la *nicotine* et *de la conicine* (sauf dans certaines conditions).

La benzine ne dissout que des traces de *morphine* et de *solanine*; l'alcool amylique les enlève au contraire avec facilité aux solutions alcalines aqueuses.

Pour isoler les alcaloïdes volatils, Dragendorff recommande d'agiter leur dissolution rendue alcaline (c'est-à-dire après avoir fait agir la Benzine dans la dissolution acide et y avoir ajouté de l'ammoniaque) avec du pétrole chaud et bien rectifié.

Pour bien opérer les diverses séparations des solutions faites au moyen du chloroforme, de la Benzine ou de l'alcool amylique, nous conseillons de les placer dans des burettes de Mohr à robinet, et de filtrer les liquides ainsi décantés au moyen de filtres lavés au préalable avec du même dissolvant.

Tels sont les meilleurs procédés généraux connus actuellement pour éliminer les alcaloïdes ; ceux qui consistent à les fixer d'abord dans du noir animal pur, ou à les priver des matières colorantes ou autres par de l'Acétate plombique, sont considérés, avec raison, comme étant moins bons et moins complets, parce qu'ils ne produisent pas des séparations aussi nettes. En outre, avant de procéder aux expériences propres à caractériser chacun des alcaloïdes, il convient de s'assurer au moins qu'on en a éliminé, et cela en expérimentant sur des animaux, afin d'en constater les effets, lesquels mettent, par leur manière d'agir, souvent l'expert sur la voie pour reconnaître le poison. A propos de chacun de ceux-ci, nous indiquerons son procédé spécial de recherche.

Alcaloïdes volatils.

Les deux alcaloïdes liquides naturels, la *Nicotine* et la *Cicutine*, ne peuvent guère être employés pour produire des empoisonnements, parce que leur odeur repoussante les décèle immédiatement à la victime, qui refuse d'en avaler. Dans les cas de morts que ces alcaloïdes ont produites, c'est qu'il y a eu suicide, ou administration forcée, ce qui peut être assimilé à un assassinat, parce qu'ils déterminent la mort très-promptement. — D'autre part, la *Nicotine* et la *Cicutine* n'étant pas usitées comme médicaments, on devrait les préparer exprès pour commettre un crime, et l'on se ferait connaître presque immédiatement. Néanmoins nous allons nous en occuper.

Nicotine.

La *Nicotine* est un poison des plus violents, car quelques gouttes, une peut-être, suffisent pour donner instantanément la mort.

Plusieurs suicides ont été produits en avalant du jus de tabac condensé dans des pompes de pipes, ce qui n'est pas étonnant, car, outre la Nicotine et l'huile empyreumatique qui s'y trouvent, on y a constaté du cyanure ammonique, poison à peu près aussi énergique que le cyanide hydrique.

La *Nicotine* persiste très-longtemps si les organes qui en ont reçu le contact sont mis à l'abri de la putréfaction, et ils exhalent l'odeur du tabac à priser. On a pu en retirer du sang, de l'estomac, du foie, du cerveau et des poumons ; on en a constaté aussi un peu dans l'estomac de fumeurs morts par accident.

Recherche de la Nicotine. — Pour retirer la *Nicotine* des matières suspectes, celles-ci sont diluées dans beaucoup d'eau, puis additionnées d'une solution faible de potasse ou de soude caustique, ajoutée en excès, et soumises ensuite à la distillation en refroidissant très-fortement le récipient et mettant à part les premières portions. On produit, de la sorte, une séparation préliminaire, qui donne l'alcaloïde accompagné de matières étrangères et dont on doit le débarrasser ; cela se fait en neutralisant d'abord les premières portions distillées par de l'acide Tartrique et les évaporant au bain-marie ; reprenant ensuite le résidu par une solution de soude caustique, on agite ce mélange à plusieurs reprises avec de l'éther qu'on sépare et expose à l'évaporation spontanée, laquelle laisse la *Nicotine* sous la forme de gouttes huileuses.

Il est bien entendu qu'on peut suivre également l'un ou l'autre des procédés généraux que nous avons décrits.

Le produit finalement obtenu est soumis à l'examen pour être reconnu ; à cet effet, nous rappelons les principales propriétés physiques de la Nicotine, qui la caractérisent mieux que ses propriétés chimiques.

Caractères physiques. — La Nicotine est un liquide oléagineux, tachant le papier à la manière des huiles volatiles, c'est-à-dire que la tache disparaît ; elle est incolore à l'abri de l'air, mais y devient brun-jaunâtre et plus consistante ; changements qu'on attribue à l'absorption de l'oxygène, et elle perd alors de son activité (ce qui peut faire manquer les expériences physiologiques) ; elle a une odeur âcre, rappelant le tabac à priser ; une saveur brûlante et caustique ; sa vapeur est tellement irritante qu'une seule goutte répandue dans un appartement suffit pour gêner la respiration ; tout à fait pure, elle distille complétement de 240 à 242°.

La Nicotine est soluble dans l'eau, l'alcool, l'éther, le chloroforme, la Benzine, les huiles grasses, et très-peu dans l'essence de térébenthine ; en absorbant spontanément l'humidité, elle se trouble et peut se solidifier si on la refroidit artificiellement.

Caractères chimiques. — La Nicotine a la réaction fortement alcaline.

Le *chlore gazeux* l'attaque à froid et la colore *en rouge de sang, puis en brun*; ce produit est soluble dans l'alcool, dont il se sépare cristallisé par le refroidissement.

Un mélange de *chloride hydrique et de suroxyde barytique* produit la même réaction.

Une *baguette de verre trempée dans du chloride hydrique*, puis approchée de la Nicotine, répand des fumées blanches dues au chlorhydrate de Nicotine, qui est plus volatil que cet alcaloïde et que le chlorure ammonique.

Le *chloride Platinique* versé dans la Nicotine, y produit un précipité *jaune clair*, soluble par l'ébullition, mais se reprécipitant cristallisé par le refroidissement.

L'acide Gallique ou le Tannogallique (Tannin) y forme un précipité blanc floconneux.

Ces deux réactifs produisent leurs effets même dans des solutions de Nicotine étendues au 1/100.

Le chloride Aurique, un précipité *jaune rougeâtre*, très-soluble dans un excès de Nicotine.

Lorsqu'on ajoute à une solution de *chlorhydrate de Nicotine neutre* une solution de sublimé corrosif jusqu'à ce qu'elle se trouble, on obtient par le repos des cristaux pris·matiques de *chlorure double Nicotino-mercurique*.

Une goutte de Nicotine rectifiée, projetée sur de l'acide chrômique sec s'enflamme en répandant une odeur camphrée de tabac, mais cette réaction est peu certaine.

Une solution d'un sel de Nicotine, produit avec l'iodure potassique ioduré, un précipité *brun-kermès*, qui se sépare d'abord sous la forme de *gouttelettes huileuses rouges*, lesquelles se solidifient ensuite en cristallisant.

Une solution Ethérée de nicotine au 1/00, additionnée de son volume d'une solution éthérée d'iode, et le mélange vivement agité, donne, quelquefois au bout de quelques

minutes, d'autres fois au bout de plusieurs heures, des
cristaux aiguillés et colorés en rouge rubis, d'iodo-Nicotine et
très-caractéristiques.

La solution aqueuse de la Nicotine précipite en blanc les
sels de mercure, de plomb, d'étain et de zinc, et en bleu
les sels de cuivre; ces deux derniers précipités sont solubles
dans un excès de Nicotine.

Chauffée au bain-marie avec du permanganate potassique, elle le décolore et se transforme en acide *Nicotinique*
(Laiblin 1877).

Cicutine, coniine ou conicine.

La *cicutine* est un poison presque aussi violent que le
cyanide hydrique : deux gouttes appliquées sur une bles-
sure ou sur l'œil d'un animal peuvent occasionner sa mort
en une à deux minutes, ce qui explique pourquoi il n'est
pas toujours possible de retrouver la *cicutine* dans le cas
d'empoisonnement, lorsque la dose administrée a été minime.

Après des suicides occasionnés par l'ingestion d'une dose
assez forte de *cicutine*, on a pu en retirer du sang, des
organes sanguins et de l'urine; on l'a retrouvée aussi dans
l'estomac très-longtemps après son ingestion, mais les
intestins n'en renfermaient que des traces.

Recherche de la cicutine. — On opère par l'un des procédés généraux décrits, et on cherche à reconnaître la cicutine
dans le produit fourni par l'action du chloroforme dans la
liqueur rendue alcaline, si l'on a exécuté le procédé *Gray et
Lymann*, ou dans le produit qu'a laissé le Pétrole qui a agi
dans la liqueur ammoniacale, si l'on a suivi le procédé de Dragendorff pour isoler les alcaloïdes volatils; ou bien enfin, dans
le produit obtenu en procédant absolument comme pour
l'isolement de la Nicotine, c'est-à-dire par distillation avec
de la potasse caustique.

Pour la distinguer de cette dernière, il faut faire une comparaison complète de leurs caractères physiques et chimiques.

Caractères Physiques de la Conicine ou Cicutine. — C'est un liquide incolore, oléagineux, moins dense que l'eau, d'une odeur désagréable de *cigüe*, semblable à celle de l'urine de souris ou de rats, d'une saveur âcre, caustique et très-répugnante; elle est volatile à 168° et sa vapeur occasionne des étourdissements.

Elle absorbe un peu l'eau à froid, puis l'abandonne à la chaleur, même à celle de la main et se trouble alors; elle est soluble dans 100 p. d'eau, est miscible avec l'alcool, l'éther, l'alcool amylique, la Benzine et le chloroforme.

Exposée à l'air, elle en absorbe l'oxigène, brunit, se résinifie et perd de son activité.

Caractères chimiques.— La Cicutine a la réaction alcaline, et cependant elle coagule l'albumine, ce que ne font pas les autres alcaloïdes; cette réaction peut se constater au microscope avec la moindre quantité de cet alcaloïde.

Elle est soluble dans les acides étendus et forme des sels.

L'eau de chlore la rend laiteuse.

Le chloride hydrique en excès la colore en rouge pourpré, qui passe au violet.

L'acide Azotique la rougit.

Le Chloride Platinique ne la précipite pas, ce qui la distingue de la *Nicotine.*

La Cicutine et ses sels, chauffés dans un tube d'essai avec une solution de bichrômate potassique et un peu d'acide sulfurique, dégagent des vapeurs *d'acide Butyrique*, reconnaissable à son odeur particulière. — Cette réaction est très-importante.

L'Oxalate de Cicutine parfaitement desséché, puis mêlé avec de l'hydrate calcique, développe l'odeur d'urine de souris, surtout à une douce chaleur.

Mais vu les petites doses auxquelles agissent les deux alcaloïdes liquides, on ne peut guère espérer en retirer des organes d'une personne empoisonnée.

S'il s'agit de constater un empoisonnement produit accidentellement par des feuilles de ciguë, il faut examiner attentivement le contenu de l'estomac, les vomissements et les selles, afin d'y reconnaître la ciguë, ou tout au moins son odeur; pour cela on broira les matières dans un mortier avec de la potasse caustique et on les flairera; on pourra même les délayer dans de l'eau et les distiller pour tâcher d'en retirer de la cicutine.

Strychnine.

Poison des plus redoutables connus et qu'on peut cependant se procurer assez facilement en achetant de la *Noix vomique,* ou du *grain Strychniné,* pourvu qu'on déclare que c'est pour se débarrasser d'animaux nuisibles : trente à quarante milligrammes d'un sel de strychnine suffisent pour donner la mort à un adulte.

La strychnine est facilement absorbée, quelle que soit la voie par laquelle on l'a administrée: elle va dans le sang, puis dans le foie et s'élimine partiellement par les urines. En plaçant de la strychnine sur l'angle interne de l'œil d'une personne, on peut la faire mourir sans qu'il reste des traces de ce poison, parce que la victime l'aura enlevé en se frottant l'œil, ou bien la main criminelle qui l'y avait placé ; du reste, la dose suffisante pour donner la mort est si petite qu'on ne peut guère espérer la retrouver non plus dans les viscères.

Recherche de la Strychnine. — A l'examen du cadavre, on constatera que les membres sont raidis extraordinairement et recourbés aux articulations; ce qui est un caractère important à noter.

Dans la plupart des cas d'empoisonnements, suicides ou

crimes produits par la strychnine, la victime en avale plus qu'il n'en faut pour donner la mort, et alors on recherche ce poison dans les vomissements, le sang, le foie, l'estomac, l'intestin grêle et les urines, en les traitant par l'un des procédés généraux décrits. On peut le retrouver longtemps après le décès de la victime.

D'après MM. *Gray* et *Lymann*, la strychnine se trouve dans le chloroforme qu'on a employé la deuxième fois, c'est-à-dire celui qui a agi sur la masse rendue alcaline par l'ammoniaque. Pour en retirer la strychnine, on l'évapore sur des verres de montre, en ayant le soin d'éviter que tout l'alcaloïde ne se rassemble pas à la même place, et, pour cela, on attend que chaque goutte de solution soit évaporée. Le résidu est alors humecté avec une goutte d'acide sulfurique concentré, et, s'il ne se colore pas en brun, c'est que la strychnine est pure, et l'on fait immédiatement la réaction d'*Otto* avec le bichrômate potassique; mais si la coloration brune se produit avec la goutte d'acide sulfurique concentré, c'est que la strychnine n'est pas débarrassée des matières étrangères; on y ajoute encore de l'acide et chauffe jusqu'à complète carbonisation, puis on sature par de l'ammoniaque et reprend par du chloroforme; après une vive agitation et quelque temps de repos, on décante et fait évaporer le chloroforme pour obtenir la strychnine cristallisée.

Si l'on suit le procédé Dragendorff, c'est au moyen de la Benzine qu'on enlèvera la strychnine de ses dissolutions rendues alcalines par l'ammoniaque.

L'acide *Phénique* ayant aussi la propriété de dissoudre la strychnine et ses sels, peut-être employé pour séparer cet alcaloïde d'avec d'autres, et en traitant ensuite cette solution par de l'éther on dissout l'acide *Phénique* et laisse le sel de strychnine.

Caractères physiques de la strychnine. — Pure, elle est

solide, blanche et cristallisée en prismes quadrangulaires aiguillés ; chauffée très-modérément dans un petit tube fermé, elle peut être sublimée sans éprouver de décomposition ; elle est insoluble dans l'eau froide, un peu dans l'alcool absolu et l'éther ; plus soluble dans l'alcool ordinaire, l'alcool amylique, le chloroforme, la benzine et l'acide phénique.

Sa saveur est la plus amère connue et constitue un caractère distinctif, qu'elle communique même à l'eau froide, bien qu'y étant presque insoluble (il faut 66,000 parties d'eau froide).

Caractères chimiques. — La solution alcoolique de la strychnine bleuit fortement le Tournesol rougi.

Un courant très-lent de chlore dégagé dans une solution d'hydrochlorate de strychnine, y forme une pellicule qui s'étend dans le liquide sous la forme d'un nuage blanc, insoluble dans l'eau, et la liqueur devient de plus en plus acide : c'est de la *Trichloro-strychnine*, qui n'est plus alcaline et ne sature pas les acides. — Aucun alcaloïde connu ne se comporte ainsi.

La strychnine et ses sels bien purs et secs, excepté l'hydrochlorate et l'Azotate, étant réduits en poudre très-fine et mis dans une capsule de porcelaine, puis humectés de deux gouttes d'acide sulfurique concentré (pour 2 ou 3 milligrammes), ne doivent pas se colorer fortement ; mais si on y ajoute ensuite de la poudre très-fine de bichrômate potassique, ils prennent une belle couleur *bleue*, qui devient *violette, puis rouge violacé, ensuite rouge et jaune après deux heures.* Le suroxyde plombique pur peut également produire cette réaction avec la strychnine, dont la couleur *bleue* est plus nette. Il ne faut pas qu'il y ait présence de chlore ou d'un chlorure, parce que la coloration serait blanche (voir un peu plus haut l'action du chlore), et l'Azotate gêne ou empêche la coloration ; il ne faut pas non plus laisser élever la température, parce que les couleurs ne seraient pas aussi caractérisées.

Comme plusieurs substances azotées se colorent en rouge par les oxydants, la *curarine* notamment, Lymann recommande plutôt le permanganate potassique, ou le suroxyde manganique-hydraté, ou l'oxide Argentique, que le chrômate potassique, et de faire en sorte que la couleur pourpre passe au rouge clair, transition qui n'appartient qu'à la *strychnine*, car la *curarine* se colore *immédiatement* en rouge par l'acide sulfurique.

Mais, fait judicieusement observer M. Mohr (¹), dans les recherches légales on pourra rarement préparer de la strychnine assez pure pour qu'elle ne soit pas altérée par l'acide sulfurique concentré ; c'est pourquoi il est préférable de la dissoudre dans de l'acide sulfurique étendu et de la précipiter par le chrômate potassique, qui donne du chrômate de strychnine tout-à-fait insoluble. De laver ensuite celui-ci dans le filtre, de le dessécher partiellement dans une capsule de porcelaine où on l'a étendu, puis d'y déposer une goutte d'acide sulfurique : le changement de couleur se produira immédiatement de la manière la plus belle, sans que le papier du filtre se noircisse ; en outre, la strychnine est le seul alcaloïde qui donne un chrômate insoluble. Cependant cette réaction caractéristique est empêchée par la présence de la morphine, de la quinine et du sucre, tandis que l'amidon et la santonine n'exercent par d'action nuisible ; mais ces combinaisons n'existent pas en même temps que la strychnine, ou bien elles ont été éliminées par le procédé de recherche.

Les solutions aqueuses des sels de strychnine précipitent en blanc par le *sulfo-cyanure potassique*, et ce précipité assez dense est cristallin.

Le Chloride platinique y produit *un précipité jaune clair*,

(¹) *Toxicologie chimique* de 1876, p. 193.

presque insoluble dans l'eau et l'éther, peu soluble dans l'alcool faible et bouillant, d'où il réapparaît en cristaux jaunes en refroidissant.

L'acide Picrique y produit un précipité cristallin, *vert jaunâtre.*

Enfin, si l'acide Nitrique colore la strychnine en rouge, c'est qu'il y a de la *Brucine.*

Brucine.

La *Brucine* est aussi un poison très-énergique, mais pas autant que la strychnine, car on l'estime vingt fois moins active que cette dernière, et elle n'est pas employée pour produire des empoisonnements.

Recherche de la Brucine. — On traitera les matières suspectes absolument comme pour y rechercher la strychnine, dont on la séparera par l'alcool absolu, qui ne dissout pas cette dernière, puis on essaiera le produit final afin de constater ce qu'il est.

Caractères physiques de la Brucine. — Elle est solide, blanche, ordinairement cristallisée en prismes rhomboïdaux obliques, quelquefois en cristaux aiguillés, groupés en aiguilles ; elle se dissout dans 800 parties d'eau froide et dans 500 d'eau bouillante ; soluble dans l'alcool ordinaire, l'alcool amylique et le chloroforme , insoluble dans l'éther et les huiles ; elle a une saveur amère, moins prononcée que celle de la strychnine.

Chauffée progressivement dans un petit tube fermé, elle se volatilise un peu, puis se décompose.

Caractères chimiques. — La Brucine en solution a la réaction alcaline.

L'Ammoniaque versée peu à peu précipite complétement la Brucine de ses sels, sous la forme de gouttelettes huileuses, qui ne tardent pas à cristalliser en aiguilles. Si l'on continue de verser de l'ammoniaque, le précipité se dissout, mais reparaît cristallisé lorsqu'on abandonne le liquide à l'évaporation spontanée.

L'acide Azotique concentré produit une coloration rouge intense, qui passe au violet par l'addition de chlorure stanneux. Celui-ci ne doit être ni trop acide, ni trop concentré, autrement la coloration rouge disparaît. Cette expérience se fait dans une capsule de porcelaine, dans laquelle on verse trois ou cinq gouttes d'acide Nitrique et sur lesquelles on met la Brucine en poudre fine : au bout de quelque temps il se produit une coloration rouge ; alors on y ajoute un peu de chlorure stanneux pour que la couleur devienne violette.

Le sulfhydrate ammonique peut remplacer le chlorure stanneux.

L'acide sulfurique dissout la Brucine sans la colorer ; mais s'il est additionné d'un peu d'acide Nitrique, la coloration rouge apparaît.

Pour produire cette coloration avec un liquide qui ne contient que des traces de Brucine, on en verse quelques centimètres cubes dans un tube d'essai, puis quelques gouttes d'acide Nitrique ordinaire très-pur qui, dans cet état de dilution, ne produit pas de coloration ; ensuite on fait couler le long de la paroi intérieure du tube, au moyen d'un tube effilé, un ou deux grammes d'acide sulfurique concentré, et au bout de quelques minutes on observe une ligne *d'un rouge vif* à la surface de séparation des deux liquides. — Il n'y a que la *Brucine* et l'*Igasurine* qui se colorent en rouge par l'acide Nitrique.

Lorsqu'on traite une notable portion de Brucine par de l'acide Nitrique concentré, on constate, outre la coloration rouge, le dégagement de deux gaz incolores, l'un qui est de l'acide carbonique et l'autre des vapeurs d'*Azotite de Méthyle*, d'une odeur de pommes de reinette, inflammable et brûlant avec une flamme légèrement verdâtre ; en outre, il se forme de l'acide oxalique et des flocons cristallins, de couleur rouge orangé, auxquels *Laurent* a donné le nom de *Cacothéline*.

Enfin, l'eau de chlore colore aussi les dissolutions de Brucine en rouge, et l'addition ultérieure de l'ammoniaque les fait devenir brunes.

Séparation et distinction de la Strychnine d'avec la Brucine.

La *Strychnine* se sépare de la *Brucine* par l'eau chaude et l'alcool absolu, qui dissolvent celle-ci et non celle-là ; on les distinguera ensuite par toutes les réactions que nous avons indiquées plus haut. — Un mélange des deux alcaloïdes se colorera en rouge par de l'acide Nitrique, puis en bleu par de l'acide sulfurique concentré et le bichromate potassique ; si l'on a traité de prime abord par de l'acide sulfurique et du bichromate potassique, la coloration bleue de la Strychnine n'apparaît qu'après l'oxydation de la Brucine.

Bien que les caractères de ces deux bases soient assez différents pour permettre de les distinguer, les faits suivants donnent à réfléchir lorsqu'il s'agit de recherches minutieuses et de décider, en employant des agents oxydants, auquel de ces deux alcaloïdes on a affaire. Voici ce qui s'est passé en 1876 dans le laboratoire de M. *Sonnenschein* à Berlin : on avait donné à analyser à un étudiant en Pharmacie un mélange renfermant de la Brucine et du Nitrate plombique ; il employa la méthode de *Stas-Otto* pour la séparation des alcaloïdes, et il obtint pour résultat de la Strychnine au lieu de Brucine.

A la suite de ce fait, M. *Sonnenschein* entreprit des expériences et parvint à transformer la Brucine en Strychnine par l'action de l'oxygène (4 atomes), qui élimine deux atomes d'eau et deux d'acide carbonique.

Pour produire cette transformation, on chauffe doucement dans un matras la Brucine avec quatre à cinq fois son poids d'acide Nitrique étendu : la masse devient rouge et dégage une certaine quantité de gaz, entre autres de l'acide carbonique ; on concentre au bain-marie, puis on traite par un excès de potasse, on épuise par de l'éther, qu'on sépare par décantation et laisse ensuite évaporer spontanément ; on obtient ainsi un résidu jaunâtre, composé d'une matière colorante rouge, d'une résine jaunâtre et d'une base, que l'on purifie par dissolution dans un acide et puis par cristallisation : elle donne avec les réactifs toutes les réactions de la Strychnine.

D'autre part, en chauffant pendant assez longtemps au bain-marie, dans un tube de verre soudé, de la Strychnine avec une base puissante, telle que la potasse, ou la soude, ou la Baryte, etc., et de l'eau, le produit qu'on obtient offre les caractéres de la Brucine.

Vératrine.

La *Vératrine* est un toxique très-énergique et qui, à la dose de 30 à 40 milligrammes, détermine la mort. Les empoisonnements qu'elle a occasionnés sont plutôt attribués à des accidents, ou à des méprises qu'à une intention criminelle. — La Vératrine absorbée s'élimine assez facilement par les urines.

Recherche de la Vératrine. — On opérera sur les vomissements, les urines, les déjections, le sang, le tube digestif et le foie, et les traitera, soit par le procédé *Gray-Lymann*, soit par celui de *Dragendorff*, c'est-à-dire en faisant agir le chloroforme, ou l'alcool amylique, ou le pétrole rectifié dans la dissolution rendue alcaline par de l'ammoniaque. On enlèvera ainsi toute la vératrine, et en soumettant la solution à l'évaporation spontanée, on l'isolera pure.

Caractères physiques de la Vératrine. — Elle est solide, blanche et cristallisée en prismes ; elle est presque insoluble dans l'eau (1000 parties), facilement soluble dans l'alcool ordinaire, l'alcool amylique, le chloroforme et le pétrole rectifié ; moins soluble dans l'éther et dans la Benzine.

Sa saveur est âcre et piquante ; introduite dans les narrines, elle détermine l'éternuement ; chauffée avec précaution, elle peut se sublimer sans décomposition.

Caractères chimiques de la Vératrine. — Sa solution alcoolique a la réaction alcaline ; elle se combine avec les acides et forme des sels qui cristallisent difficilement, mais qui se dissolvent dans l'eau.

Les *alcalis* en précipitent *à froid* la vératrine, et les *carbonates alcalins* la précipitent *à chaud*.

Le *chloride hydrique* la dissout *à froid* sans produire de coloration, tandis qu'à l'*ébullition* la dissolution se colore eu *rouge intense* et reste telle.

L'*acide sulfurique* concentré donne lieu à une dissolution *jaune*, qui, au bout de cinq minutes, devient *orangée*, puis *rouge carmin*, et cette dernière nuance persiste plusieurs heures.

Atropine.

L'*Atropine* est le principe actif de la *Belladone* et de la *Stramoine*; elle constitue un toxique énergique, dont le principal effet, et qui persiste le plus longtemps, est de dilater extraordinairement les pupilles et de les rendre même insensibles à l'action de la lumière ; en outre, l'*Atropine* provoque ordinairement des nausées, mais rarement des vomissements, et les patients éprouvent des hallucinations, parfois même du délire.

L'Atropine passe rapidement dans le sang et se répand dans toute l'économie.

L'empoisonnement accidentel peut aussi avoir lieu par les *baies de Belladone*, les *graines* et les *feuilles*, surtout si les personnes qui les ont avalées sont délicates.

Recherche de l'Atropine. — 1° En traitant les matières suspectes par la méthode de *Gray-Lymann*, et faisant agir le chloroforme à chaud sur la liqueur rendue alcaline par de l'ammoniaque, on leur enlève toute l'*Atropine*, qu'on isole ensuite en laissant évaporer le chloroforme à une température de 30° à 40°.

Cependant, comme l'alcool ordinaire, l'amylique et la Benzine à chaud, en dissolvent beaucoup plus que le chloroforme, il convient d'employer l'un ou l'autre de ces trois dissolvants, ou le procédé spécial suivant :

2° *Procédé spécial.* — Il consiste à épuiser les matières suspectes par digestion dans l'alcool, à filtrer, à ajouter au filtrat de la chaux éteinte, la 20ᵉ partie du poids des matières, et à agiter souvent; filtrer de nouveau, aciduler la liqueur par de l'acide sulfurique et la laisser éclaircir par le repos; la refiltrer ensuite pour en séparer le sulfate calcique et évaporer le liquide au tiers de son volume; à y ajouter alors du carbonate potassique jusqu'à neutralisation, filtrer pour séparer la chaux qui aurait pu y rester, et y ajouter encore du carbonate potassique pour précipiter complétement l'Atropine. — Celle-ci isolée par l'un ou l'autre de ces procédés est ensuite dissoute par un peu d'acide sulfurique très-étendu et de façon à obtenir par une évaporation ménagée du *sulfate d'Atropine neutre*, qui est le sel le mieux caractérisé et qu'on emploiera pour les expériences physiologiques.

Caractères physiques de l'Atropine. — Elle est solide et cristallisée en aiguilles incolores; elle est peu soluble dans l'eau froide (300 p.), beaucoup plus dans l'eau chaude (58 p.), très-soluble dans l'alcool ordinaire, dans l'amylique et la Benzine, moins soluble dans le chloroforme

(51 %) ; sa saveur est amère et âcre. — Chauffée progressivement, elle fond vers 95° et se volatilise à 140° en se décomposant partiellement.

Caractères chimiques. — Ses solutions ont la réaction alcaline et se décomposent spontanément en produisant de l'ammoniaque.

Elle est soluble dans les acides étendus.

L'Ammoniaque, la potasse, la soude et leurs carbonates précipitent partiellement les dissolutions concentrées d'Atropine, et le précipité se redissout dans un excès d'ammoniaque.

Il faut éviter d'évaporer les solutions d'Atropine qui renferment des alcalis ou des alcalino-terreux, parce que sous leur influence, elle se dédouble en *Tropine* et en acide *Tropique*; l'ammoniaque étendue et à une température de 50° ne produit pas cette réaction, mais l'évaporation avec les acides concentrés l'altère également.

L'*Atropine* se comporte comme tous les autres alcaloïdes avec les réactifs génériques, et n'en a aucun de spécial ni de caractéristique, surtout dans le cas de recherche toxicologique. Il y a bien l'acide sulfurique ordinaire, qui la dissout en donnant une liqueur violette exhalant l'odeur de roses, mais cela est insuffisant, parce que d'autres alcaloïdes se colorent aussi d'une façon à peu près identique.

Donc, ce qu'il y a de mieux à faire, c'est de procéder à des expériences physiologiques sur des animaux avec le produit obtenu finalement et transformé en sulfate.

Comme presque chaque année des enfants s'empoisonnent en mangeant des *baies de belladone*, croyant manger des cerises noires, on reconnaîtra la nature du poison, 1° à *l'examen botanique* des fragments de ces baies, ou des graines, ou des feuilles trouvées dans les vomissements, ou dans le tube digestif, ou dans l'estomac : les *cerises noires* ont un noyau unique et dur, les *raisins* ont des graines pyramidales au nombre de trois à huit, tandis que les *baies de Belladone* ont des graines très-petites, réniformes et en grand nombre ; 2° à *l'expérimentation physiologique*, qui consistera à ingérer directement un peu de sulfate d'Atropine obtenu avec les matières suspectes dans le tube digestif d'un animal, et à en introduire une autre portion dans un second animal par la méthode sous-cutanée.

On expérimentera sur des grenouilles, ou des chats, ou des chiens, qui présentent les mêmes phénomènes que ceux observés chez l'homme, notamment des nausées et la dilatation des pupilles.

Morphine.

La *Morphine* est l'alcaloïde le plus important de l'opium et celui qui y domine ; lorsqu'elle a été administrée à l'intérieur, ou par la voie hypodermique et qu'elle a été absorbée, elle passe dans le sang, où elle se décompose partiellement, puis est rapidement éliminée par les urines ; elle résiste pendant un certain temps aux causes d'altérations, mais finit cependant par se décomposer.

Recherche de la Morphine. — Le pétrole n'enlève pas la Morphine aux solutions acides, ni aux solutions alcalines ; la Benzine n'en enlève que des traces aux solutions ammoniacales ; l'éther et le chloroforme ne l'enlèvent que très-lentement aux solutions acides et pas du tout aux solutions alcalines, tandis que l'alcool amylique l'enlève.

En conséquence, les matières vomies, le contenu du tube digestif, les fèces, l'urine et les organes sanguins seront d'abord traités comme pour rechercher la strychnine, puis après neutralisation, on emploiera l'alcool amylique et une température de 50 à 70° pour épuiser les matières, et on précipitera la Morphine par un alcali ajouté jusqu'à réaction alcaline.

Mais lorsqu'il s'agira de rechercher la *Morphine* dans les urines, on emploiera préférablement le chloroforme *à chaud* pour enlever l'alcaloïde à la dissolution acide, parce que l'alcool amylique dissout l'urée et les acides de l'urine.

Pour séparer la Morphine des autres alcaloïdes, notamment de ceux de l'opium, on se basera sur ce qu'elle est insoluble dans le pétrole, la Benzine, l'éther et le chloroforme à froid, et l'on commencera par traiter les matières suspectes par un ou plusieurs de ces dissolvants, de façon à ne plus avoir que la Morphine ; ou bien on traitera par de la Benzine le produit obtenu finalement, afin de dissoudre la *Narcotine*, la *Codéine* et la *Thébaïne;* le restant sera traité par de l'alcool amylique à froid, et enfin le dernier résidu sera repris par de l'alcool amylique à une température de 50 à 70°, et fournira ainsi la Morphine cristallisée après l'évaporation du dissolvant. Il est bon de faire les évaporations de la Morphine à l'abri de l'air, pour en éviter la décomposition. Si les matières suspectes contiennent des graisses, on peut les traiter au préalable par du sulfide carbonique.

Caractères physiques de la Morphine. — Elle est solide, cristallise en prismes blancs, inodores, inaltérables à l'air, mais devenant opaques lorsqu'on les chauffe à 108° ; à 120° la Morphine fond en un liquide huileux, qui cristallise par le refroidissement, et elle se sublime à une température plus élevée. Elle a une saveur amère très-prononcée et persistante.

Elle est insoluble dans l'eau froide, soluble dans 500 parties d'eau bouillante, soluble dans l'alcool surtout à chaud et dans l'éther acétique; presque insoluble dans l'éther ordinaire, dans le chloroforme et dans la benzine; l'alcool amylique la dissout mieux que les autres dissolvants, surtout à chaud; tous ses dissolvans la laissent déposer cristallisée par l'évaporation.

Les sels de Morphine sont solubles dans l'eau, insolubles dans l'éther et l'alcool amylique.

Caractères chimiques. — La Morphine en solution a la réaction fortement alcaline; elle se dissout dans les acides étendus et forme des sels, desquels l'ammoniaque, la potasse, la soude, la Baryte, la chaux et la Magnésie la précipitent et la redissolvent par un excès, excepté la Magnésie; l'ammoniaque en dissout moins que les autres.

Le *chlorure ferrique ou le sulfate*, en solution neutre et concentrée, colore en *bleu royal* les solutions *neutres* d'hydrochlorate et de sulfate de Morphine pures et assez diluées: on opère sur le fond d'une petite capsule de porcelaine avec une goutte de sel ferrique, sur laquelle on laisse tomber un peu de Morphine et on agite pour mélanger. Si l'on chauffe ensuite à 150°, la couleur devient *rouge foncé*, puis *violette* et enfin *vert-sale*.

L'*acétate plombique* produit une coloration *violacée*.

L'*acide Nitrique* la colore en *rouge-orangé*.

Les *acides per-Iodique* et *Iodique* sont réduits par les solutions de Morphine et mettent de l'iode en liberté : la liqueur devient *jaune* et *bleuit* par l'addition d'eau d'amidon, ou se colore *en pourpre*, par le *chloroforme*, ou le *sulfure de carbone* quand on l'agite. Pour opérer, on met le chloroforme ou le sulfure de carbone dans un petit tube d'essai avec un grain d'acide Iodique et un peu d'eau, puis on agite : il ne se produit aucune coloration, mais si l'on y ajoute un peu de Morphine et que l'on agite de nouveau, il se produit une coloration *rose-rouge* ou *rouge-foncé*.

Le réactif de *Fröehde*, qui consiste en une dissolution de 3 à 4 milligrammes de Molybdate sodique dans un centimètre cube d'acide sulfurique concentré, produit avec la Morphine solide une *coloration violette magnifique, qui passe au vert, puis au brunâtre, au jaune, et redevient bleu-violette*, après 24 heures.

Ou bien, d'après Mohr, si l'on prépare le réactif de Fröehde en dissolvant de l'acide Molybdique pur dans de l'acide sulfurique concentré, et qu'on le mette en contact avec la Morphine bien sèche, il se produit d'abord une coloration *noir-foncé*, qui, au bout de quelque temps, se change en un *bleu magnifique*. Cette couleur est due à l'oxyde de Molybdène qui se forme dans ce cas, et non à la morphine, car l'hyposulfite sodique donne la même coloration en l'absence de la Morphine ; elle n'est donc que confirmative des réactions précédentes.

Le *chloride Aurique* est réduit par la Morphine avec coloration bleue de la liqueur et précipitation d'or.

Morphine et Strychnine.

Si l'on a administré de la Morphine comme contre-poison de la Strychnine, l'expert chimiste peut les rencontrer simultanément dans les liquides de l'estomac. Or, après avoir épuisé ceux-ci de façon à en retirer les alcaloïdes, s'il veut faire l'expérience avec le produit obtenu pour reconnaître la Strychnine au moyen du bichromate potassique et de l'acide sulfurique, il peut arriver qu'il ne la réussisse pas ; c'est lorsque la quantité de Morphine est 12 à 15 fois plus forte que celle de la Strychnine et donnée dans l'intention de paralyser les effets de celle-ci. Le plus sûr alors est de les séparer en traitant le produit obtenu par du chloroforme, ou de la Benzine bouillante, pour enlever la Strychnine et laisser la Morphine indissoute ; de la sorte, on les obtiendra assez pures pour constater respectivement leurs caractères distinctifs.

Codéine.

La *codéine* est un alcaloïde homologue de [la *Morphine*, beaucoup plus vénéneuse qu'elle, qui se trouve contenue dans l'opium en très-petite quantité, et que l'expert chimiste rencontre rarement.

Caractères physiques de la Codéine. — Elle est solide, cristallisée en octaèdres, à base rectangle, et est beaucoup plus soluble dans l'eau que la Morphine, surtout dans l'eau bouillante ; elle est entièrement soluble dans l'alcool ordinaire, l'amylique et l'éther, peu soluble dans la Benzine.

Le chloroforme la dissout quand elle est en solution alcaline et non lorsqu'elle est en dissolution avec les acides ; elle est insoluble dans le pétrole et dans la potasse concentrée, mais soluble dans l'ammoniaque.

Chauffée à 100° avec une quantité d'eau insuffisante pour la dissoudre, elle se déshydrate, fond et prend un aspect huileux.

Caractères chimiques. — La codéine a la réaction alcaline ; elle se dissout dans les acides dilués et forme des sels.

Elle n'est décomposée ni par l'acide Iodique, ni par les sels ferriques, ni colorée en aucune façon par l'acide Nitrique ordinaire et à froid.

Avec le réactif de *Frœhde*, elle donne une solution d'*un vert sale*, puis une teinte *bleu-royal*, qui devient *jaune après 24 heures*.

L'*iodure double de zinc et de potassium* précipite les moindres traces de *codéine* en dissolution, sous la forme d'un précipité blanc, qui devient jaunâtre ; la Morphine ne précipite pas par ce réactif.

De l'ensemble de ses caractères physiques et chimiques, il sera facile de la séparer et de la distinguer de cette dernière.

Empoisonnements par l'opium.

Les empoisonnements par l'opium et ses préparations pharmaceutiques sont assez fréquents, mais plutôt suicides, ou dus à l'imprudence, que criminels. C'est le *Laudanum de Sydenham* qui en produit le plus grand nombre, soit par l'ingestion de doses trop considérables, soit par l'absorption cutanée ; quelquefois aussi, c'est au moyen de décoctions de *têtes de pavots* que les empoisonnements de jeunes enfants ont lieu.

Recherche du Laudanum. — Le *Laudanum* ayant une odeur *vireuse* spéciale, et une couleur *jaune* très-prononcée, qu'il communique aux objets avec lesquels il a été en contact (qualités qu'il tient de l'opium, du safran et du vin), l'expert devra examiner avec le plus grand soin les matières vomies, les déjections, les linges et objets souillés, surtout l'intérieur de l'estomac et son contenu ; il devra aussi examiner les boissons ou médicaments quelconques saisis au domicile de la victime ou de l'accusé ; ensuite il procédera à la recherche de la *Morphine* et de l'acide *Méconique* de la manière suivante :

Toutes les matières solides sont divisées en très-petits morceaux, puis mélangées aux produits liquides et partagées en deux portions inégales : la plus forte, employée à l'extraction de la *Morphine* est, suivant M. Roussin, additionnée d'une solution saturée d'acide Tartrique jusqu'à réaction franchement acide, puis étendue d'alcool à 95°, en quantité telle que le tout soit bien liquide et qu'une nouvelle addition ne détermine plus aucun précipité sensible.

Après une digestion de plusieurs heures à 50°, on laisse refroidir complétement et l'on filtre à la toile ; on exprime fortement le résidu solide, qu'on épuise une seconde fois par de l'alcool à 95°, et qu'on soumet de nouveau à l'expression. Les liqueurs alcooliques étant réunies et filtrées au papier, sont soumises à l'évaporation au bain-marie jusqu'à consistance d'un sirop épais ; ce produit est alors épuisé jusqu'à refus par de l'eau distillée tiède, et le liquide filtré au papier préalablement mouillé. Cette solution est introduite dans un flacon bouché à l'émeri, où elle doit occuper environ le tiers de la capacité, et on y ajoute un volume égal d'alcool à 95°, puis peu à peu du carbonate potassique anhydre; on agite vivement jusqu'au moment où les liquides se séparent bien nettement en deux portions, l'une inférieure, composée de la solution aqueuse du carbonate potassique, l'autre supérieure, composée de la solution alcoolique, *de la Morphine*. On les sépare par décantation, on évapore au bain-marie la solution supérieure et on obtient ainsi la *Morphine* cristallisée.

La seconde portion des matières suspectes est traitée comme il suit, d'après Dragendorff, pour y rechercher l'acide *Méconique* : on la dessèche, puis on l'épuise au bain-marie par de l'alcool aiguisé de chloride hydrique; la solution est filtrée après refroidissement et évaporée à siccité, pour chasser tout acide volatil, surtout l'*Acétique* ou le *formique*. On reprend alors par de l'eau bouillante et on enlève les matières colorantes à l'aide de la Benzine ; le liquide aqueux est porté à l'ébullition, puis neutralisé par de la Magnésie, filtré au besoin et concentré par l'évaporation, qui donne une solution de *Méconate-Magnésique*, dont voici les caractères :

Caractères chimiques de l'acide Méconique. — Une partie de la solution étant essayée par le chlorure ou le sulfate ferrique neutre, donne une coloration *rouge de sang* très-intense, qui ne disparaît ni par la chaleur, ni par le chloride hydrique, ce qui la distingue de la coloration produite par l'acide *Acétique*.

Le chloride Aurique ne la modifie pas non plus, tandis qu'il décolore celle qui est produite par le sulfocyanure ferrique.

Le *chlorure stanneux ou le sulfide hydrique* réduit le méconate ferrique en ferreux avec décoloration ; mais un peu d'acide Azotoso-Azotique (vapeur rutilante) fait reparaître la *couleur rouge.*

Le *méconate Magnésique* est précipité *en blanc* par l'Acétate plombique et par le *Nitrate* Argentique ; ce dernier précipité devient *jaune par la chaleur.*

L'*Azotate Mercureux* précipite en blanc, et l'*Azotate Mercurique en jaune.*

Caractères du Laudanum.

Le Laudanum saisi dans les flacons sera aisément reconnu à ses caractères physiques et organoleptiques ; à ce que l'ammoniaque y formera un précipité abondant, composé en grande partie de Morphine colorée.

Ce précipité étant lavé avec de l'eau légèrement alcoolisée, puis redissous dans un peu d'eau acidulée et précipité de nouveau par de l'ammoniaque, donnera une poudre presque blanche, qui produira distinctement les réactions caractéristiques de la Morphine.

En résumé, si l'expert n'a trouvé que de la *Morphine*, il peut conclure que l'empoisonnement a été produit par cet alcaloïde ; mais s'il a trouvé simultanément d'autres alcaloïdes de l'opium, et surtout de l'acide *Méconique*, il conclura que l'on a ingéré de l'opium ; enfin, s'il a constaté, en outre, la coloration en jaune du tube digestif et d'autres organes, il conclura à la présence du *Laudanum.*

Tels sont les alcaloïdes les plus vénéneux et les plus importants ; nous passons les autres sous silence pour nous occuper d'une substance, non alcaloïde, mais très-vénéneuse aussi, et qui a produit beaucoup d'accidents ; c'est la *cantharidine.*

Cantharidine.

La *Cantharidine*, principe vésicant des cantharides, est tellement vénéneuse, que 5 à 6 centigrammes suffisent pour donner la mort, comme cela est déjà arrivé. Cependant, elle a causé plus d'empoisonnements volontaires ou accidentels que de criminels : c'est ainsi que l'on a constaté de ces sortes d'accidents chez des débauchés qui avaient fait usage de préparations contenant de la cantharidine, dans le but d'exciter l'appétit vénérien ; également chez des enfants et des personnes délicates, à la suite d'applications d'emplâtres ou de pommades trop chargés de poudre de cantharides.

L'ingestion de cette poudre produit presque immédiatement une douleur cuisante dans la bouche et dans la gorge, et qui se propage rapidement le long du tube gastro-intestinal : le patient éprouve des vomissements et des évacuations alvines qui exhalent ordinairement l'odeur de la cantharide, et dans lesquels on peut en retrouver.

Lorsque ce sont des préparations faites avec de la teinture de cantharides qui ont été ingérées, l'action se porte principalement sur les organes génito-urinaires et sur le système nerveux : la *cantharidine* est rapidement absorbée et passe dans le sang, le foie, les reins et les urines, où l'on peut la retrouver aussi.

Recherche de la cantharide. — Si l'on suppose que l'empoisonnement a été produit au moyen de la poudre de cantharides, on la recherchera dans les vomissements, les selles et dans le canal intestinal : on les examinera bien attentivement en présence d'une vive lumière, pour tâcher d'apercevoir les *paillettes mordorées et brillantes* qui caractérisent cette poudre, et on les enlèvera en râclant soigneusement tous les organes, desséchés et bien tendus pour en effacer les plis, afin de détacher ces paillettes, qu'on lavera, desséchera et examinera ensuite. En procédant de la sorte, on a pu reconnaître de la poudre de cantharides dans des cadavres après 7 et 9 mois d'inhumation.

Mais pour être certain que ce n'est pas de la poudre d'autres coléoptères non vésicants, on en posera un peu sur les lèvres d'un lapin, ou d'un chien ou d'un chat, et on acquerra ainsi une conviction.

Recherche de la cantharidine.

Pour avoir la certitude qu'il y a eu empoisonnement, on tâchera d'extraire la cantharidine des matières suspectes ; pour cela on les traitera comme il suit, d'après *Dragendorff*: Ces matières seront d'abord triturées, puis converties en bouillie au moyen d'un peu d'eau ; ensuite on y ajoutera de la magnésie, on évaporera à siccité au bain-marie, et alors on épuisera successivement le produit par de l'éther, du chloroforme et de la benzine, afin de n'enlever que des corps étrangers et non la cantharidine (il convient cependant d'examiner si ces dissolvants ne contiennent pas de corps vésicants) (1). La partie restée insoluble à la suite de ces traitements, sera reprise par une solution bouillante d'acide sulfurique dilué au dixième et le liquide filtré après trois minutes d'ébullition ; le filtrat sera abandonné au refroidissement jusqu'à ce que toute la graisse soit figée ; alors on la séparera et l'on agitera longtemps le liquide avec le quart ou le tiers de son volume de chloroforme, et on répétera deux ou trois fois ce traitement, après quoi on réunira les trois portions de chloroforme, on les lavera avec un peu d'eau distillée (pour enlever l'acide

(1) Comme le chloroforme est le dissolvant de la cantharidine, on devrait s'abstenir de l'employer, selon nous, dans cette partie de l'opération ; on aurait la certitude de ne pas l'avoir enlevée inopportunément.

sulfurique) et on les abandonnera à l'évaporation spontanée. Le résidu insoluble dans l'acide sulfurique pourrait encore retenir de la cantharidine ; pour la lui enlever, on le desséchera, puis on l'épuisera aussi par du chloroforme, qu'on ajoutera aux liquides précédents et qu'on abandonnera à l'évaporation spontanée, de façon à obtenir un résidu solide et blanc, qui laissera apercevoir au microscope des aiguilles blanches de cantharidine.

Certains toxicologues conseillent de se borner à épuiser la poudre de cantharides obtenue par de l'éther, à filtrer et à laisser évaporer spontanément le dissolvant, qui laisse de la cantharidine impure, mais suffisante pour produire les caractères distinctifs, surtout l'action vésicante.

Caractères de la cantharidine.

Elle est solide, blanche, cristalline, peu soluble dans l'alcool, l'éther, la benzine et l'acide sulfurique ; elle est plus soluble dans le chloroforme.

Le *bichrômate potassique avec de l'acide sulfurique* la décompose, et il se forme du sulfate de chrôme vert.

Le *permanganate potassique* en solution alcaline, l'acide iodhydrique et *l'amalgame de sodium* en solution alcoolique, n'ont pas d'action sur la cantharidine. En résumé, son action vésicante constitue le principal caractère distinctif.

On pourra présenter comme *pièces de conviction*, de la poudre de cantharides et de la cantharidine, avec lesquelles on fera, même à l'audience, des expériences sur des animaux, s'il est nécessaire.

Avant d'abandonner définitivement les poisons, nous croyons utile d'appeler tout spécialement l'attention des experts, tant chimistes que médecins, sur le sujet suivant :

Ptomaines ou Alcaloïdes cadavériques.

Dans le cours d'expériences Toxicologiques faites en 1871, le professeur *Selmi*, de Bologne, trouva dans les extraits provenant de cadavres de personnes mortes naturellement, plusieurs substances possédant les *caractères généraux des alcaloïdes* (1).

Il supposa que ces composés, qu'il nomma *Ptomaines*, provenaient de la décomposition spontanée de la matière cadavérique, et les expériences qu'il fit ultérieurement confirmèrent pleinement sa suppositon.

Le procédé employé par M. Selmi pour l'extraction des *ptomaines* est celui de MM. *Stas et-Otto*, sauf quelques modifications qu'il apporta pour accélérer l'évaporation et empêcher le contact de l'oxygène, et il obtint des produits, dont voici, en résumé, les principaux caractères :

Caractères Physiques des Ptomaines. Il y en a de liquides, à odeur prononcée, dont une rappelle l'*urine de souris ou de rats*, et que l'auteur a nommée *Conicine* ; d'autres sont solides et ressemblent à l'un ou à l'autre des alcaloïdes naturels suivants : *Codéine, Morphine, Atropine* et *Delphine* ; ces bases ont une saveur piquante un peu âcre, sont solubles dans l'éther, ou le chloroforme, ou l'alcool amylique.

Caractères Chimiques généraux. Les *ptomaines* que M. Selmi a retirées dans divers cas, de cadavres exhumés après des temps différents, ne se comportaient pas également avec les mêmes réactifs ; cependant toutes précipitaient avec le *Tannin*, l'acide *iodhydrique ioduré* et le *chloride aurique* ; quelques-unes précipitaient avec le *sublimé corrosif*.

Toutes possédaient la réaction alcaline et donnaient une

(1) Voir le Mémoire dans le Moniteur scientifique du docteur Quesneville, de 1875.

coloration *violette* quand on ajoutait trois gouttes d'acide chlorhydrique ou sulfurique au résidu d'évaporation de deux ou trois gouttes de leur solution aqueuse et qu'on chauffait légèrement; elles donnaient une coloration *rouge plus ou moins violacée* avec l'acide sulfurique seul, ainsi qu'avec l'acide sulfurique et l'eau brômée.

Quelques-unes réduisaient l'acide iodique, d'autres ne le réduisaient pas; d'où l'auteur recommande aussi de ne pas considérer cette réaction comme caractérisant suffisamment la *Morphine normale.*

Avec *l'acide Nitrique*, toutes donnaient plus ou moins une couleur *jaune*, qui se fonçait par la chaleur, et passait *au jaune d'or* lorsqu'on neutralisait le liquide par l'ammoniaque, ou la potasse, ou un carbonate alcalin.

Caractères spéciaux. Selon le mode d'extraction suivi et le degré de putréfaction de la matière cadavérique, les *ptomaines* diffèrent et se comportent différemment avec les réactifs généraux; elles se spécialisent comme il suit: quelques-unes précipitent avec le *chloride platinique*, le *Cyanure Argentico-potassique* et le *bichrômate potassique* ; d'autres, et c'est le plus grand nombre, ne précipitent pas avec ces réactifs; plusieurs ont donné avec le réactif de *Frœhde* des colorations semblables à celles des alcaloïdes naturels ; avec l'acide iodique, l'acide sulfurique et le bicarbonate sodique, on a obtenu une coloration *rose violacée*, plus ou moins apparente.

Pour les séparer les unes des autres, ont fait successivement usage d'éther, de chloroforme, d'alcool amylique, etc., etc.

Celles qu'on a extraites par l'éther des liquides alcalins, réduisent l'acide *iodique*, les *chlorures Aurique* et *ferrique* et le *bichrômate potassique en présence de l'acide sulfurique, en produisant une coloration verte* due au sulfate de chrôme.

A l'expérimentation physiologique, on observe souvent

que ces ptomaines produisent la dilatation des pupilles et la diminution des mouvements respiratoires.

En résumé, il résulte de ce qui précède:

1° Qu'on peut extraire de la matière animale plus ou moins putréfiée, quelques substances ayant les caractères des alcaloïdes végétaux et se comportant comme eux avec les réactifs généraux, et avec certains réactifs spéciaux;

2° Que plusieurs alcaloïdes fixes et volatils se forment aux dépens de la matière animale en putréfaction; quelques-uns sont solubles dans l'éther, d'autres y sont insolubles, mais se dissolvent dans l'alcool amylique, et des troisièmes dans le chloroforme ;

3° Les *Ptomaines* peuvent donner naissance à des composés cristallins avec l'acide *iodhydrique ioduré*, comme le font plusieurs alcaloïdes végétaux ;

4° Elles fournissent des colorations, qui peuvent ne pas se produire, suivant les conditions de la putréfaction et le mode de leur extraction ; ce sont celles que nous avons indiquées;

5° Elles s'oxydent facilement et brunissent au contact de l'air en se décomposant; elles dégagent une odeur spéciale: il y en a dont l'odeur est semblable à celle de la *conicine* ou *cicutine*, et parfois elles exhalent un parfum semblable à celui de certaines fleurs et de certains aromes;

6° Les *Ptomaines* possèdent le plus souvent une saveur piquante, et qui engourdit la langue ; quelquefois la saveur est amère.

7° *Parmi les Ptomaines* solubles dans l'éther, et celles qui sont solubles dans l'alcool amylique, il y en a quelques-unes qui ne sont point toxiques, tandis que les autres le sont à un haut degré ;

8° Les symptômes de l'empoisonnement sont : la dilatation passagère des pupilles, le ralentissement et l'irrégularité des pulsations cardiales et des mouvements convulsifs, laissant le cœur épuisé de sang et contracté après la mort.

Voilà, en résumé, ce que nous avons cru utile de mettre sous les yeux des lecteurs à la suite des propriétés des alcaloïdes végétaux et de leurs procédés de recherche. Pour être impartial, nous ajoutons que M. Tardieu, dans son *Etude Médico-Légale*, édition de 1875, page 137, n'attache pas grande importance aux faits que nous venons de rapporter, et dit qu'ils ont seulement de l'importance pour les personnes étrangères à la science et qu'on les tient en réserve pour les jurés. Cependant le docteur *Panum*, professeur à *Copenhague*, et un grand nombre de physiologistes allemands se sont arrêtés, en 1877, à l'idée que la putréfaction développe dans les matières qui s'y trouvent soumises, un poison soluble, que ni la coction, ni la distillation répétée pendant plusieurs heures ne peuvent atteindre dans ses propriétés, pas plus que supprimer les effets de la Strychnine ou de la Morphine.

De nouvelles recherches faites en 1878 par M. Selmi, le confirment dans sa manière de voir.

De tout ce qui précède, on doit bien admettre que les découvertes de ces Messieurs sont des plus importantes au point de vue Toxicologique, et qu'elles obligent, plus que jamais, les experts à user de beaucoup de circonspection, afin d'éviter des erreurs graves; ils devront avoir recours aux symptômes, aux lésions anatomo-pathologiques, et interroger les témoins des derniers moments de la victime, pour tâcher d'obtenir le plus de renseignements possible et des preuves palpables.

Examen des Armes à feu tirées.

Cet examen est important à plusieurs points de vue, surtout à la suite d'un duel, d'un suicide ou d'un meurtre.

Dans ces cas, des experts peuvent être appelés à examiner l'arme qui a servi, pour dire depuis quel *temps* elle a été tirée, et s'il coïncide avec le moment où le crime a été commis; pour constater la nature de la balle ou des projectiles et de la bourre, et les confronter avec les objets de même nature que l'on trouvera au domicile de l'inculpé ou en sa possession.

Cet examen est, semble-t-il, plutôt du ressort d'un armurier que de celui d'un chimiste ; cependant l'intervention de ce dernier pourra aider beaucoup à la découverte de la vérité, comme on s'en convaincra par ce qui suit.

Les poudres à tirer sont, on le sait, composées de soufre, de carbone et de salpêtre, dont les proportions varient suivant les pays, ou qu'on les destine à tirer des armes à feu ou des mines. Les produits de leur combustion sont nombreux, et sans considérer les gaz, dont l'expert chimiste n'a pas à tenir compte puisqu'il ne les a pas en sa possession, on trouve parmi les composés solides déposés sur l'arme, d'abord du noir de fumée, du sulfure et de l'hyposulfite potassiques qui, par le temps et l'exposition à l'air plus ou moins humide, se transforment partiellement en sulfate et carbonate potassiques ; on y constate, en outre, du carbonate ammonique et de l'oxyde ferrique ou de la rouille. La recherche de ces produits est donc bien du ressort de l'expert chimiste, et, à cet effet, voici comment il doit procéder à sa mission.

1° *Examen physique.* — Décrire complétement et bien exactement l'arme; examiner d'abord la cheminée et tout ce qui l'entoure, puis le canon au voisinage de celle-ci : plus ces parties sont encrassées, plus récemment l'arme a été tirée, cela se conçoit, rien n'en est encore détaché ; mais comme les produits solides de la combustion récente de la poudre se transforment ensuite en devenant plus compliqués, avons-nous dit, on pourra distinguer ces deux phases en opérant de la manière suivante :

On enlève les enduits avec de l'eau distillée bouillie, et on examine si le liquide est alcalin, odorant et s'il y a au fond un dépôt noir (charbon) et jaune (soufre) ; ensuite on le filtre et le partage en plusieurs portions pour être essayées chimiquement.

2° *Examen chimique.* — Une portion additionnée de chloride hydrique fera effervescence en dégageant du sulfide hydrique et de l'acide sulfureux, et laissera précipiter du soufre ; la liqueur prendra probablement une teinte brunâtre par suite de la formation d'une petite quantité de sulfure de fer.

Une deuxième portion additionnée de chlorure ammonique, d'ammoniaque et de carbonate sodique, ne produira rien de prime abord, peut-être, mais ensuite il s'y formera un précipité ocreux et très-faible, d'oxyde ferrique hydraté.

Une quatrième portion traitée par du cyanure ferrosopotassique, ou par du sulfocyanure potassique, ne changera pas.

Une cinquième, traitée par le cyanure ferrico-potassique se colorera en jaune bleuâtre faible.

Une sixième, additionnée de chloride platinique fera effervescence avec dégagement d'acides carbonique et sulfureux, puis précipitera en jaune serin.

Une septième, traitée par du chlorure Barytique donnera un précipité blanc qui, par l'acide Nitrique se dissoudra peut-être complétement et dégagera des acides sulfureux et carbonique.

Une huitième, additionnée d'acide sulfurique dégagera

des acides sulfureux et sulfhydrique, et donnera, en outre, un dépôt de soufre, qui indiquera qu'il y avait de l'hyposulfite.

D'autre part, le résidu laissé par l'eau est dessèché à l'étuve dans une capsule de porcelaine, puis traité par du chloryde hydrique : il produira une effervescence, dégagera du sulfide hydrique et un peu d'acide sulfureux ; le liquide sera *jaune-verdâtre* et donnera les réactions suivantes :

Avec de l'ammoniaque, un précipité ocreux, d'hydroxyde ferrique ;

Avec le sulhydrate ammonique, un précipité noir de sulfure de fer ;

Avec le sulfocyanure potassique, une coloration rouge ;

Et avec le cyanure ferroso-potassique, une coloration ou un précipité bleu.

Telles sont les réactions caractéristiques qu'on pourra produire avec l'enduit qui était déposé sur l'arme ; plus on y trouvera de sulfate potassique et d'oxyde ferrique, plus il y aura de temps que l'arme aura été tirée.

Examen des projectiles et de la bourre. — Il faut examiner aussi physiquement et chimiquement les projectiles retirés de la victime, pour les confronter avec ceux trouvés chez l'accusé, parce que, quand celui-ci est un ouvrier mineur, ou un mécanicien ou un braconier, il fabrique ordinairement ses projectiles lui-même avec de la soudure des plombiers, ou d'autres alliages de plomb et d'étain, ou avec des plombs cuprifères ou zincifères, tels que ces gens peuvent se les procurer, et cela afin qu'on ne puisse leur opposer le marchand comme témoin, ou de dérouter la justice. On recherchera aussi les ustensiles qui ont servi à cette préparation, et qui sont des moules, une cuillère à fusion ou un creuset.

L'examen physique des projectiles consiste dans la constatation de leur couleur, forme, densité, dureté et texture intérieure ; quant à la bourre, elle est en papier ou en étoffe, et on l'examinera également pour en tirer parti à l'occasion.

L'examen chimique consiste en une analyse complète, afin de savoir si la composition de ces projectiles est identique avec celle des produits similaires qu'on trouve dans le commerce, ou si elle est formée des métaux trouvés au domicile de l'accusé.

Enfin, si l'arme saisie est à plusieurs coups, on déchargera ceux qui n'ont pas été tirés au moyen d'un tire-bourres, et on pourra ainsi examiner plus facilement la poudre, les projectiles et la bourre, et les confronter avec ceux que la justice aura découverts. A la suite d'une semblable expertise, on a vu souvent l'accusé faire des aveux, parce qu'on ui prouvait à l'évidence sa culpabilité ; et voilà comment la chimie vient encore dans ces cas en aide à la justice.

Recherche médico-légale des taches de sang sur les tissus, le bois, les pierres, les armes, etc.

Cette recherche constitue un problème des plus difficiles, parce que les taches de sang anciennes ne permettent pas de décider, après un examen microscopique, si elles appartiennent au sang humain ou à celui des animaux ; les réactions chimiques laissent même à désirer dans beaucoup de circonstances, surtout quand il n'y a plus que des traces de taches, ou qu'elles ont été lavées ou souillées par une autre substance, ou déposées sur une surface métallique, ou que la matière colorante du sang est en voie de décomposition ; il n'est pas toujours possible alors, de l'avis des hommes compétents, d'affirmer qu'*une tache suspecte contient ou non du sang*.

Cette constatation est ordinairement confiée à des médecins, mais comme des chimistes peuvent aussi se trouver dans le cas de devoir la faire, nous croyons utile d'indiquer la manière d'y procéder.

On peut l'effectuer par *l'examen microscopique* et *par la méthode chimique;* mais on commencera par décrire les objets litigieux, les taches, leur nombre et leur position. Pour pouvoir constater la forme des globules du sang au microscope, il ne faut pas commencer par les déformer, et à cet effet, on ne mettra pas les taches en contact avec de l'eau chaude, qui rend les globules sanguins sphériques, ni avec les acides *sulfurique, chlorhydrique, acétique* et *gallique;* ni avec la *potasse* et la *soude* même en solutions étendues, ni avec le *chloroforme,* l'*éther,* les *acides biliaires,* etc. L'*alcool,* l'*acide chrômique,* le *bichrômate potassique* et l'*acide picrique* conservent les globules, mais en altèrent la forme. Donc, pour reconnaître les caractères des globules du sang sur des taches desséchées, il faut ramollir celles-ci dans un liquide conservateur de leur forme : pour cela, on peut faire usage d'un *serum artificiel,* fait avec 30 grammes de blanc d'œuf, 270 grammes d'eau distillée et 40 centigr. de sel marin ; ou bien encore de 100 grammes d'eau et de 1/2 gramme de chlorure sodique, ou de 5 à 6 °/₀ de sulfate sodique.

La partie tachée de sang, linge, étoffe de laine, papier ou bois, est imbibée dans un des liquides précédents pendant plusieurs jours, sur un verre de montre qu'on recouvre ensuite d'un second pour empêcher l'évaporation ; le ramollissement opéré, on observe au microscope le liquide qui entoure les fragments colorés, et on tâche de constater la forme, la couleur et la dimension des globules, ainsi que la présence de la fibrine restée indissoute sur l'objet où se trouvait la tache, et qu'on enlève avec la pointe d'une aiguille. On fera des examens comparatifs avec du sang normal, afin d'avoir plus de certitude. (Gorup-Besanez.)

*B. — **Par la méthode chimique.**—*Si l'on n'a à sa disposition que quelques taches de sang desséché, on utilise la même pour faire plusieurs réactions, en procédant de la manière suivante :

1° On enlève une tache suspecte à l'aide d'un couteau, lorsqu'elle est superficielle ; mais lorsqu'elle a pénétré dans les mailles d'un tissu, on la découpe à l'aide de ciseaux ; et si elle est fixée sur du bois, au point de l'imprégner complétement, on l'enlève avec le copeau. On place ensuite la partie détachée ou le tissu découpé dans un verre de montre, et on l'y laisse macérer pendant plusieurs heures dans très-peu d'eau, en le recouvrant d'un second verre : si l'eau ne se colore pas, c'est que le sang est coagulé ou que la tache n'en contient pas.

2° Si la tache s'y est dissoute et a fourni un liquide rougeâtre, ou verdâtre, ou brunâtre, on enlève le copeau de bois, ou le tissu, après l'avoir exprimé au moyen d'une baguette de verre, puis on expose le verre de montre sous la cloche à l'acide sulfurique, ou dans un endroit couvert, et à l'abri des poussières. Une partie du produit desséché est traitée au spectroscope, afin d'y constater la raie de l'*hémoglobine* noire (située entre D et E) et celle de la *méthémoglobine* noire (placée entre C et D), en disposant le verre de montre directement devant la fente du spectroscope, que l'on conserve aussi étroite que possible et en opérant à la lumière solaire. Cette réaction est bien délicate à obtenir et est insuffisante dans le cas d'une expertise criminelle ; il faut la confirmer par une comparaison avec du sang normal.

3° Après l'examen spectroscopique, on essaie de produire les cristaux d'*hémine* ; pour cela, on met un grain de chlorure sodique, à peine perceptible, dans le verre de montre où se trouve la solution d'une tache de sang, puis on y verse 8 à 20 gouttes d'acide Acétique cristallisable, complétement

incolore et l'on agite le mélange avec une baguette de verre.
Quand tout est dissous, on chauffe rapidement à l'aide
d'une toute petite flamme, puis on évapore doucement au
bain-marie et jusqu'à disparition complète d'odeur d'acide
Acétique; si après refroidissement on examine la matière
desséchée au microscope, à un grossissement de 300 diamètres, on apercevra des cristaux *rhomboïdaux jaunes,
rouges ou bruns*, d'*hémine*, à moins que la quantité de sang
ne soit par trop faible (Hoppe-Seyler).

M. *Selmi* recommande d'employer un mélange de 6 vo-
lumes de chloroforme pour 1 volume d'acide Acétique cristallisable; ces proportions permettent d'obtenir de très-
beaux cristaux d'*hémine*.

4° Quel que soit le résultat de l'observation, c'est-à-dire
qu'on ait obtenu ou non des cristaux, on verse une petite
quantité d'eau sur le verre de montre, et l'on filtre à travers
un tout petit filtre : l'hémine est complétement insoluble,
tandis que d'autres matières colorantes passent à la filtration. On traite la partie insoluble par une solution étendue
de soude caustique, qui fournit un liquide verdâtre ou rougeâtre, suivant l'épaisseur de la couche ; on filtre cette
solution dans une petite capsule de porcelaine et on lave
soigneusement à l'eau le contenu du filtre. On évapore
ensuite le liquide à siccité complète au bain-marie, puis on
incinère le résidu et reprend les cendres par un peu
d'acide chlorhydrique et quelques gouttes d'acide Nitrique ;
on évapore l'excès d'acide au bain-marie, on reprend par
de l'eau et l'on recherche dans cette dissolution le chlorure
ferrique au moyen du cyanure ferroso-potassique et du sulfocyanure.   *(Hoppe-Seyler.)*

Si ces diverses opérations produisent évidemment les
réactions caractéristiques du sang, que nous venons d'indiquer, on pourra prononcer affirmativement sur sa présence dans les taches, mais c'est bien délicat. Les taches

de rouille ne cèdent rien à l'eau dans laquelle on les fait macérer, aussi convient-il de traiter séparément chaque tache colorée, afin de constater les différences qu'elles pourraient présenter.

Taches de Sperme.

Dans les cas d'attentats contre les mœurs, l'examen fait par un médecin, de la victime et de l'inculpé, est la partie la plus importante de l'instruction judiciaire ; cependant l'examen des chemises, des draps de lit et des vêtements peut aider à confirmer ou à infirmer la culpabilité. Cette expertise doit être confiée à un micrographe, et non à un chimiste qui ne serait pas habitué à manier le microscope, parce que les réactions chimiques seules n'ont aucune valeur dans la recherche du sperme. Mais on peut, et on fait bien, d'adjoindre un chimiste au biologiste, parce que les taches suspectes sont toujours compliquées, et alors le chimiste aide à les débrouiller et à en reconnaître la nature.

Les taches de sperme occupent deux places distinctes sur une chemise de femme, le derrière et le devant ; sur la chemise de l'inculpé, les taches occupent ordinairement la partie antérieure, et celles que l'on trouve sur le pantalon y sont ordinairement à l'intérieur, plus rarement à l'extérieur, et presque toujours à la hauteur des cuisses.

Les taches sont compliquées, avons-nous dit ; ainsi celles que l'on peut constater sur le pan antérieur de la chemise peuvent être formées, outre le sperme, de sang, de mucus vaginal, d'urine, d'écoulements divers, etc. ; celles du pan postérieur peuvent contenir de la matière fécale, du sang, etc., d'où il suit que les caractères chimiques du sperme sont modifiés profondément. Par suite de cela, il faut que l'expert mette le plus grand soin à décrire toutes les taches ; à en indiquer le nombre, la forme, les dimensions et les positions ; il devra agir de même pour les taches trouvées sur les draps de lit, les jupons, le sol, etc., vu que dans les cas d'attentats contre les mœurs, la position des individus et la place où le fait s'est passé, peuvent quelquefois fournir des preuves importantes. Après cette première constatation, il procédera à la recherche de la nature des taches.

Caractères des taches de sperme. — Elles sont de dimensions variées et d'une teinte légèrement *gris-jaunâtre*, presque *blanches* sur les tissus colorés, et sur les étoffes de laine elles présentent un reflet un peu brillant ; presque toujours les bords sont sinueux et ont une teinte plus marquée ; le tissu qu'elles recouvrent ou qu'elles pénètrent est raide comme s'il avait été empesé, même sur les deux faces, s'il n'est pas trop épais ; en plaçant la tache entre l'œil et la lumière, on voit une translucidité qui fait ressortir nettement la trame du tissu, ce qui n'a pas lieu avec les taches de mucus, de pus, etc. (Briand et Chaudé.)

Lorsqu'on soumet le tissu recouvert de sperme au-dessus d'un tube d'essai contenant de l'eau en ébullition, il se manifeste une odeur fade et spéciale au sperme, et les taches gonflent considérablement ; traitées par de l'eau, elles se dissolvent en fournissant un liquide gommeux et la raideur du tissu disparaît.

Pour découvrir les *Spermatozoïdes* au microscope, voici comment on procède, d'après *Maurice Longuet* :

On découpe avec des ciseaux les parties d'étoffes sur lesquelles on remarque des taches bien sensibles, le plus près possible de leur centre, et on les numérote, afin de pouvoir indiquer dans le rapport la nature de chacune selon la position qu'elle occupe. Ensuite on plonge chaque morceau d'étoffe dans une petite quantité d'eau colorée par 5 à 6 gouttes d'une solution ammoniacale de carmin (pour 5cc d'eau), telle qu'on l'emploie en histologie. Au bout de 36 à

48 heures, si l'on n'y voit pas d'inconvénient, on retire le lambeau d'étoffe, on effiloche les brins un à un, au moyen d'une aiguille, et les examine séparément au microscope avec un grossissement de 500 diamètres. Malgré ces précautions, il est parfois impossible de trouver les *Spermatozoïdes* dans toutes les taches suspectes, et surtout lorsque le linge a été violemment froissé.

Selon *Gorup-Besanez*, on plonge l'un des bouts de la bande d'étoffe dans un verre contenant de l'eau distillée ou une solution faiblement alcaline, et on l'y laisse de 20 minutes à 2 heures, c'est-à-dire jusqu'à ce que la tache soit fortement gonflée. Alors on enlève avec la pointe d'un scalpel une petite partie de la matière et on l'examine au microscope avec un grossissement de 500 à 600 diamètres : on peut apercevoir facilement les spermatozoïdes soit entiers, soit brisés, ces derniers dans une proportion variable avec l'ancienneté de la tache. En ajoutant à la préparation une goutte d'acide Acétique, qui dissout le mucus, on peut rendre les animalcules plus perceptibles.

On peut aussi teinter les brins de l'étoffe avec une solution aqueuse très-faible d'iode : la fécule et les autres corps étrangers au sperme étant colorés, permettent d'apercevoir les spermatozoïdes plus distinctement.

Pour reconnaître les taches de sperme qui sont sur le sol, on les mouille, si elles sont sèches, puis on les racle lorsqu'elles sont gonflées et ramollies, et les examine ensuite au microscope.

Malgré l'habileté du micrographe, il arrive encore des cas où il n'aperçoit pas de spermatozoïdes dans les taches de sperme, parce qu'il y a des hommes dont la liqueur séminale n'en contient pas.

Ayant traité suffisamment, pensons-nous, tout ce qui concerne la recherche des corps que nous avons annoncés dans la préface de notre ouvrage, nous allons terminer par la rédaction du rapport de l'expertise.

Rapport médico-légal.

Nous soussigné (nom, prénom, qualité et domicile), avons été requis, par une ordonnance en date du trente mai dix-huit cent septante-sept, de Monsieur ***, juge d'instruction au tribunal de première instance de M., à l'effet de rechercher la présence de l'Arsenic ou d'autres matières toxiques dans les viscères du sieur L. H., décédé le 28 février dernier à F., et y enterré.

Après avoir prêté le serment prescrit par la loi, entre les mains de M. le juge prénommé, nous avons reçu et fait emporter les scellés au Laboratoire de   , où nous les avons examinés immédiatement, vu leur état d'avancement, et soumis ensuite à l'analyse chimique, ainsi qu'il est relaté dans le présent rapport.

CHAPITRE PREMIER.

EXAMENS DES SCELLÉS.

Dans une grande manne en osier, parfaitement close, se trouvaient cinq grands bocaux de verre, contenant l'œsophage, l'estomac, la rate, le rein gauche, le foie, l'intestin grêle et le gros intestin du sieur L. H., conservés dans de l'alcool; en outre, une petite fiole à peu près remplie de ce dernier liquide, et un petit paquet contenant de la terre du cimetière de F., enveloppée dans du papier.

Chaque scellé était parfaitement fermé et muni d'une étiquette avec l'empreinte à la cire rouge du sceau de M. le juge d'instruction, et le tout parfaitement emballé dans du foin.

Les viscères et les liquides sanguinolents qui les baignaient ne nous ont rien offert de particulier à l'examen. Celui-ci étant achevé nous avons procédé à l'essai des réactifs.

CHAPITRE DEUXIÈME.

Les réactifs dont nous avons fait usage dans le cours de nos recherches, sont :

L'eau distillée, l'alcool, l'éther, les acides sulfurique, Nitrique et chlorhydrique, l'ammoniaque, le suflhydrate Ammonique, le sulfure ferreux, le Nitrate argentique, l'iodure potassique, le carbonate sodique, le cyanure ferro-so-potassique, le zinc et le papier à filtre.

Tous ces réactifs ont été essayés scrupuleusement et reconnus purs.

CHAPITRE TROISIÈME.

Le réquisitoire de M. le Juge d'Instruction nous prescrivant de rechercher d'abord l'Arsenic, voici comment nous y avons procédé :

Nous avons commencé cette recherche respectivement sur l'échantillon d'alcool contenu dans la petite fiole, et sur la terre du cimetière, qui ne nous ont fourni aucune trace de substance vénéneuse. Ensuite nous avons opéré sur les viscères.

A cet effet, des portions du foie, de l'intestin grêle et du liquide qui les baignait, ont été réunies et chauffées dans un appareil distillatoire en verre avec le quart de leur poids d'acide sulfurique concentré et un peu d'acide Nitrique (comme nous l'avons indiqué page 45), jusqu'à carbonisation complète. Le charbon obtenu a été arrosé avec de l'acide Nitrique et rechauffé modérément jusqu'à cessation de dégagement de vapeurs nitreuses, puis épuisé à chaud par de l'eau.

La liqueur en provenant a été filtrée, et une portion essayée par l'Azotate Argentique Ammoniacal n'a fourni aucun précipité ; la plus grande portion a été soumise à l'appareil de Marsh, qui fonctionnait *à blanc* depuis 25 minutes, et le gaz hydrogène enflammé a brûlé avec une flamme inodore, sans fumée, et sans produire la moindre tache sur les soucoupes de porcelaine qu'on y a exposées pendant trois quarts d'heure; donc pas d'Arsenic, ni d'Antimoine.

Le restant de la liqueur a été acidulé d'un peu d'acide chlorhydrique, puis sursaturé par le gaz sulfide hydrique, qui, même après deux jours de repos, n'y a rien produit.

Le sulfhydrate ammonique et le cyanure ferroso-potassique y ont accusé la présence d'un peu de fer, parce qu'il s'en trouve normalement dans tous les tissus animaux.

Le charbon qui avait été épuisé par de l'eau chaude, a été ensuite repris par de l'eau aiguisée d'acide chlorhydrique, et la liqueur filtrée n'a pas fourni la moindre réaction caractéristique de l'Antimoine.

Des portions des autres viscères ayant été traitées absolument de la même manière, ne nous ont fourni, non plus, que des résultats négatifs, c'est-à-dire l'absence d'Arsenic et de tout métal vénéneux.

Quant à la recherche du Phosphore, nous ne l'avons pas tentée, parce que l'examen des viscères ne nous a fourni aucun indice de la présence de ce toxique, qui se serait révélé par des lueurs phosphorescentes pendant le traitement avec l'acide sulfurique, et cela n'a pas eu lieu. En outre, le phosphore aurait été transformé en l'un ou l'autre de ses acides depuis le décès du sieur L. H, et serait devenu méconnaissable.

En présence de ces résultats négatifs nous avons procédé à la recherche des Alcaloïdes ou poisons végétaux.

CHAPITRE QUATRIÈME.

RECHERCHE DES ALCALOÏDES.

Une notable portion des liquides sanguinolents et alcoolisés a été traitée par un peu d'acide sulfurique étendu pendant quelques heures, ensuite filtrée et évaporée à une douce chaleur.

Le produit obtenu a été délayé dans de l'alcol rectifié, concentré modérément, puis successivement traité par de l'eau distillée, de l'alcool absolu, du carbonate sodique, de l'éther, et enfin séparé par décantation et abandonné à l'évaporation spontanée : il n'a laissé qu'un résidu à peine visible, d'une saveur salée (c'était du chlorure sodique), qui n'a donné aucune réaction avec l'iodure potassique, ni aucune coloration avec le mélange d'acide sulfurique et de bichromate potassique; donc le liquide ainsi traité ne contenait aucun alcaloïde ; et comme les médecins qui avaient fait l'autopsie du cadavre du sieur L. H., n'avaient rien trouvé d'anomal (on avait voulu satisfaire la rumeur publique en faisant cette expertise),nous avons conclu comme il suit :

CONCLUSIONS.

De l'ensemble des résultats obtenus dans le cours de nos recherches, nous déclarons n'avoir trouvé ni Arsenic, ni aucun toxique minéral, ni végétal dans l'alcool, la terre du cimetière, ni dans les viscères du sieur L. H., d'où nous concluons qu'ils n'en renferment pas; ce que confirme l'absence de lésions pathologiques.

En foi de quoi nous avons rédigé et signé le présent rapport, que nous certifions conforme aux principes de la science et à la vérité.

Le 22 Juin 1877.

TABLE DES MATIÈRES.

BIBLIOTHÈQUE NATIONALE · R.F. · IMPRIMÉS

www.ingramcontent.com/pod-product-compliance
Ingram Content Group UK Ltd.
Pitfield, Milton Keynes, MK11 3LW, UK
UKHW022222120726
13694UKWH00002B/651

9 782019 277819